油库安全管理研究

黄昌盛 黄斌 周梦洋 著

天津出版传媒集团

天津科学技术出版社

图书在版编目（CIP）数据

油库安全管理研究 / 黄昌盛，黄斌，周梦洋著. -- 天津：天津科学技术出版社，2024.2
ISBN 978-7-5742-1796-6

Ⅰ. ①油… Ⅱ. ①黄… ②黄… ③周… Ⅲ. ①油库管理—安全管理 Ⅳ. ①TE972

中国国家版本馆 CIP 数据核字（2024）第 044688 号

油库安全管理研究
YOUKU ANQUAN GUANLI YANJIU

责任编辑：王　彤
责任印制：兰　毅

出　　版：	天津出版传媒集团
	天津科学技术出版社
地　　址：	天津市西康路 35 号
邮　　编：	300051
电　　话：	（022）23332377
网　　址：	www.tjkjcbs.com.cn
发　　行：	新华书店经销
印　　刷：	济南新广达图文快印有限公司

开本 787×1092 1/16 印张 17.75 字数 280 000
2025 年 5 月第 1 版第 1 次印刷
定价：87.00 元

前　言

油库作为储存和分配石油及其产品的重要场所，安全管理对于保障人民生命财产安全、维护社会稳定和促进经济发展具有重要意义。近年来，随着石油需求的不断增长和油库规模的扩大，油库安全管理面临着越来越多的挑战和压力。

本书旨在系统介绍油库安全管理的理论与实践，以及相关法律法规与标准，旨在为油库从业人员、管理者、安全监管部门等提供一份权威、全面、实用的参考资料。通过对油库安全管理概述、风险评估与管理、设施与装备的安全管理、人员安全管理、应急管理与事故预防、安全监督与评估、信息管理系统的建设、法律法规与标准、案例分析、创新实践、技术应用、环境保护、国际经验、社会责任、经济效益以及组织与团队建设等方面的深入阐述，帮助读者全面了解和掌握油库安全管理的基本理论、实践经验和最新进展。

全书分为十四章，涵盖了油库安全管理的各个方面。第一章到第三章主要介绍油库安全管理的概述、重要性和发展历程。第四章到第七章阐述了油库风险评估与管理、设施与装备的安全管理、人员安全管理以及应急管理与事故预防等内容。第八章到第十一章涉及油库安全管理的法律法规与标准、信息管理系统的建设、创新实践和技术应用等方面知识。第十二章到第十四章探讨了油库安全管理与环境保护、国际经验以及社会责任等问题。

本书以清晰的章节划分和逻辑结构，对油库安全管理进行了系统性的论述。每一章都包含了相关概念、方法、原则、流程和技术应用，同时还融入了大量的案例分析、实践经验和国内外的比较，以便读者能够更好地理解和应用。此外，本书还注重探讨油库安全管理与环境保护、经济效益、社会责任等方面的关系，以促进油库安全管理的可持续发展和多方共赢。

油库安全管理是一个复杂而多样化的领域，本书并不能穷尽所有情况和问题，读者在具体实践过程中仍需参考相关文献和咨询专业人士，也欢迎读者在阅读过程中提出宝贵的建议和意见，以便将来改进和完善本书内容。

目 录

第一章　油库安全管理概述 ·· 1
　　第一节　油库安全管理的概念和定义 ······················· 1
　　第二节　油库安全管理的重要性 ····························· 4
　　第三节　油库安全管理的发展历程 ························· 6

第二章　油库风险评估与管理 ··· 11
　　第一节　油库风险评估的概念和方法 ····················· 11
　　第二节　油库风险管理的原则和流程 ····················· 14
　　第三节　油库安全风险的识别与评估 ····················· 17
　　第四节　油库安全风险的控制与管理 ····················· 21

第三章　油库设施与装备的安全管理 ······························· 31
　　第一节　油库设施与装备的安全管理概述 ·············· 31
　　第二节　油库容器的安全管理 ······························· 36
　　第三节　油库管道的安全管理 ······························· 44
　　第四节　油库其他设备的安全管理 ························ 54

第四章　油库人员安全管理 ·· 65
　　第一节　油库人员安全管理的重要性 ···················· 65
　　第二节　油库人员岗位安全责任与要求 ················· 71
　　第三节　油库人员安全培训与教育措施 ················· 78
　　第四节　油库人员的危险品防护和安全操作 ·········· 82

第五章　油库应急管理与事故预防 ·································· 89
　　第一节　油库应急管理的意义和目标 ···················· 89
　　第二节　油库应急预案的制定和实施 ···················· 91
　　第三节　油库事故预防与应急响应 ······················· 98

第四节　油库事故调查与教训总结 ·················· 105
第六章　油库安全监督与评估 ························· 113
　　第一节　油库安全监督的法律法规与标准 ·············· 113
　　第二节　油库安全监督的体制与机构 ·················· 119
　　第三节　油库安全评估与监测手段 ···················· 124
　　第四节　油库安全监督与评估的效果与问题 ············ 129
第七章　油库信息管理系统的建设 ····················· 133
　　第一节　油库信息管理系统的概念和功能 ·············· 133
　　第二节　油库信息管理系统的设计与实施 ·············· 138
　　第三节　油库信息管理系统的运行与维护 ·············· 146
　　第四节　油库信息管理系统的发展趋势与展望 ·········· 153
第八章　油库安全法律法规与标准 ····················· 159
　　第一节　油库安全管理的法律法规体系 ················ 159
　　第二节　油库安全管理的标准和规范 ·················· 164
　　第三节　油库安全管理的相关政策与措施 ·············· 170
　　第四节　油库安全法律法规与标准的执行与监督 ········ 176
第九章　油库安全管理的创新实践 ····················· 183
　　第一节　油库安全管理创新的机会与挑战 ·············· 183
　　第二节　油库安全管理创新的原则和方法 ·············· 186
　　第三节　油库安全管理创新的实践案例 ················ 190
　　第四节　油库安全管理创新经验的总结与分享 ·········· 196
第十章　油库安全管理的技术应用 ····················· 201
　　第一节　油库安全监测技术的应用 ···················· 201
　　第二节　油库安全防护技术的应用 ···················· 209
　　第三节　油库安全教育与培训技术的应用 ·············· 211
　　第四节　油库安全评估与预测技术的应用 ·············· 215
第十一章　油库安全管理与环境保护 ··················· 219
　　第一节　油库安全管理与环境保护的关系 ·············· 219

第二节　油库环境评估与监测措施 ………………………………… 221
　　第三节　油库环境风险控制与管理 …………………………………… 225
　　第四节　油库环境事故应急与处理 …………………………………… 229
第十二章　油库安全管理的国际经验 ……………………………………… 235
　　第一节　国外油库安全管理的历史与现状 …………………………… 235
　　第二节　国外油库安全管理的制度与手段 …………………………… 239
　　第三节　国外油库安全管理的启示与借鉴 …………………………… 242
　　第四节　国际与国内油库安全管理的比较 …………………………… 246
第十三章　油库安全管理的社会责任 ……………………………………… 251
　　第一节　油库行业的社会责任意识 …………………………………… 251
　　第二节　油库安全管理的社会责任要求 ……………………………… 252
　　第三节　油库安全管理的社会责任实践 ……………………………… 255
　　第四节　油库安全管理的社会评价与认证 …………………………… 257
第十四章　油库安全管理的经济效益 ……………………………………… 261
　　第一节　油库安全管理的经济意义 …………………………………… 261
　　第二节　油库安全管理的经济效益评价 ……………………………… 263
　　第三节　油库安全管理的成本与效益分析 …………………………… 266
　　第四节　油库安全管理的投入与回报考量 …………………………… 270
参考文献 ……………………………………………………………………… 273

第一章 油库安全管理概述

第一节 油库安全管理的概念和定义

一、油库安全管理的定义

油库安全管理是一个系统性的工程,涉及复杂而多样化的运营环节和管理要素。设施安全管理、质量安全管理、人员安全管理以及环境安全管理是其主要方面。

在设施安全管理方面,油库应对储罐、输油管道、加油枪等重要设施进行定期检查、维护、管理和更新,保证其正常运行,并防范可能出现的意外事件。这需要在设计、建造、验收等各个环节遵循相关参数和标准,在使用过程中进行定期检测和维护保养,并加强设备台账和信息记录等管理工作,确保设施的安全性和可靠性。

在质量安全管理方面,油库必须对进入油库的油品进行监督和管理,保证油品符合国家标准并能够满足用户的要求。具体来说,要建立完善的油品质量管理体系,严格执行油品检测标准,对不合格的油品做出及时处理,并追究相关责任人员的责任。

在人员安全管理方面,对操作人员进行培训,建立严格的操作规程和标准化操作流程,并加强各个环节的监督和管理。同时,还需要进行应急演练,提高应急处置能力。这需要制定和实施岗前培训方案、建立完善的操作手册和操作规程,并定期组织演练和评估等工作。

在环境安全管理方面,油库必须对周边环境进行检测和监测,及时采取有效的措施处理废气、废水和废渣等问题,降低环境污染风险。必须建立健全的监测体系和评价机制,通过科学仪器和方法,快速准确地了解油库运营对周边环境产生的影响，根据实际情况采取相应的防范措施。只有这样才能保证油库运营不会对周围环境造成影响。

二、油库安全管理的内涵和特点

油库安全管理是对油库运营过程中所涉及的所有环节进行安全控制和管理，以防止事故发生，降低事故损失，并最终实现油库长期稳定运营的目标。

（一）油库安全管理的内涵

油库安全管理主要包括设施安全管理、质量安全管理、人员安全管理和环境安全管理等方面。

1.设施安全管理

设施安全管理是指对储罐、输油管道、加油枪等重要设施的检查、维护、管理和更新，保证其正常运行，并防范可能出现的意外事件。这需要在设计、建造、验收等各个环节遵循相关规范和标准，在使用过程中进行定期检测和维护保养，并加强设备台账和信息记录等管理工作，确保设施的安全性和可靠性。

2.质量安全管理

质量安全管理是指对进入油库的油品进行监督和管理，保证油品符合国家标准并能够满足用户的要求。具体来说，需要建立完善的油品质量管理体系，严格执行油品检测标准，对不合格的油品做出及时处理，并追究相关责任人员的责任。

3.人员安全管理

人员安全管理是指对操作人员进行培训，建立严格的操作规程和标准化操作流程，并加强各个环节的监督和管理。同时，还需要进行应急演练，提高应急处置能力。这需要制定和实施岗前培训方案、建立完善的操作手册和操作规程，并定期组织演练和评估等工作。

4.环境安全管理

环境安全管理是指对周边环境进行检测和监测，及时采取有效的措施处理废气、废水和废渣等问题，降低环境污染风险。必须建立健全的监测体系和评价机制，通过科学仪器和方法，快速准确地了解油库运营对周边环境产生的影响，根据实际情况采取相应的防范措施。

（二）油库安全管理的特点

1.安全性第一

油库安全管理的首要目标是保证安全。因此，在油库的运营过程中，无论是设施安全管理、质量安全管理、人员安全管理还是环境安全管理，都必须确保安全性第一。只有以安全为前提，才能够保障油库的安全稳定运营。

2.全面性

油库安全管理需要从设施、质量、人员和环境等多个方面进行全面的考虑和布局。只有真正做到全面覆盖，才能够最大限度地降低事故风险和损失，提高运营水平。

3.规范化

油库安全管理需要规范化的管理手段。与其他行业不同，油库存在特殊性和危险性，操作人员需要严格执行标准化的操作规程和流程。规范化管理可以有效地降低操作风险和差错率，提高运营效率和安全性。

4.现代化

油库安全管理需要利用现代化的管理手段。例如，采用物联网技术对设施进行实时监测，实现智能预警和快速处置；应用大数据、人工智能等技术对质量和环境进行实时监测和分析，提高管理精度和有效性。这些现代化的技术手段可以帮助油库更加科学、规范地进行管理和运营。

5.预防性

油库安全管理需要具有预防性。油库意外事故的后果不仅会给企业造成经济损失，还会对周围环境和居民生活造成影响。因此，在油库的运营过程中，需要从源头上进行风险管控，定期排查潜在风险并及时处理，以避免事故的发生。

6.持续性

油库安全管理需要具备持续性。安全管理不是单次事件，而是一个长期的过程。在油库的运营过程中，需要定期开展各项安全评估和监测，及时发现问题并进行改进。只有在安全管理方面保持持续性，才能够实现油库的长期稳定运营。

油库安全管理需要全面、规范化、现代化、预防性和持续性等多重特点，只有充分发挥这些特点，才能够真正保障油库的安全稳定运营。

第二节 油库安全管理的重要性

一、油库安全管理对人员生命财产安全的重要性

（一）油库安全管理对人员生命安全的重要性

1.预防火灾和爆炸事故

油库存放着大量易燃易爆的石油产品，一旦发生火灾和爆炸事故，将对人们的生命造成巨大威胁。油库安全管理需要建立完善的火灾和爆炸预防措施，包括防火防爆设施的安装、消防器材的配备、员工防火防爆培训等。

2.防止泄漏和污染事件

油库存在着石油产品泄漏的风险，一旦泄漏发生，不仅会造成经济损失，还会对周围环境造成严重污染，危害生态环境和人类健康。油库安全管理需要建立完善的泄漏监测和应急处理机制，加强设备维护和巡检，确保设备的运行安全性。

3.保障人员操作安全

油库是高风险的工作场所，人员在操作过程中需要面对各种潜在的危险。油库安全管理需要制定操作规程，明确工作职责和安全操作流程，同时加强员工的安全培训和意识，确保人员的操作安全。

4.应对紧急情况和灾害

灾害和紧急情况可能随时发生，油库安全管理需要建立健全的应急预案和灾害管理体系，培训工作人员的应急处理能力，减少事故对人员生命造成的损害。

（二）油库安全管理对财产安全的重要性

1.防止意外财产损失

油库在运营过程中需要大量的设备和仪器，一旦发生火灾、爆炸、泄漏等意外事故，将会造成巨大的财产损失。油库安全管理需要建立完善的设备维护

和巡检机制，确保设备的正常运行和安全性。

2.保护油库设施和基础设施

油库设施和基础设施的破坏可能导致石油产品泄漏和灾害的发生，对财产造成巨大的损失。油库安全管理需要加强设施和基础设施的维护和管理，避免因设施老化或破坏而导致的事故发生。

3.减少生产停工和生产损失

油库安全事故将导致生产停工和生产损失，对企业运营造成重大影响。油库安全管理需要建立完善的生产管理和监控机制，及时发现和解决潜在的安全问题，确保生产的连续性和稳定性。

二、油库安全管理对环境保护的重要性

（一）油库安全管理对环境保护的重要性

1.防止石油产品泄漏和污染

油库存放着大量石油产品，一旦发生泄漏，将对周围环境造成严重污染，危害生态环境和人类健康。油库安全管理需要建立完善的泄漏监测和应急处理机制，加强设备维护和巡检，确保设备的运行安全性，减少泄漏的发生。

2.减少废水废气排放的污染

油库运营过程中产生大量废水和废气，这些废物排放如果没有被妥善处理，将会对环境造成严重污染。油库安全管理需要建立规范的废水和废气处理措施，实施科学的处理工艺，减少废物的排放量和对环境的污染。

3.定期检查和监测环境质量

油库安全管理需要进行定期的环境监测和评估，了解周围环境的变化和质量，及时发现问题和危险点，采取措施进行改进和修复，保护环境的稳定和安全。

4.推行环境保护意识和培训

油库安全管理需要加强员工环境保护意识的培养和教育，推行节能减排和环境保护的理念，让员工意识到环境保护的重要性，积极参与环境保护活动，减少对环境的负面影响。

（二）油库安全管理对环境保护的益处

1.保护生态环境

油库安全管理的环境保护措施能够有效防止石油产品泄漏和污染，降低废水废气的排放，对生态环境起到保护作用。这有助于维持生态平衡、保护生物和自然资源，保障生态系统的可持续发展。

2.预防环境事故的发生

环境事故往往对人类和自然界造成严重破坏，油库安全管理的环境保护措施能够有效预防环境事故的发生，减少环境事故对环境的破坏和对周边社区的影响。

3.提高企业形象和竞争力

环境保护是企业社会责任的一部分，油库安全管理的环境保护措施能够提高企业形象和信誉，增加企业的竞争力。环境友好的企业往往受到社会认可和赞誉，为企业的可持续发展提供保障。

第三节　油库安全管理的发展历程

一、油库安全管理的起源

（一）历史背景

人类对石油的利用可以追溯到古代，早期的石油产品主要用于照明和润滑等方面。随着工业革命的到来，石油产品的需求与日俱增，石油工业得到了迅猛发展。然而，石油产品的生产、储存和运输过程中也伴随着严重的安全风险，包括泄漏、爆炸等，给人类和环境造成了巨大的损害。

（二）油库安全管理的发展过程

1.基础期（19世纪至20世纪50年代）

油库安全管理在19世纪末20世纪初开始逐渐形成。当时的石油工业发展较为初级，对安全管理的需求也较为简单。主要的安全措施包括了简单的防火和防爆措施，例如使用不可燃的材料、添加防火阻燃剂等。

2.发展期（20世纪50年代至20世纪70年代）

在此阶段，油库安全管理逐渐成为石油行业的重要组成部分。随着石油行业的快速发展，油库的规模也越来越大，储存的石油产品种类也越来越多。因此，对油库的安全管理提出了更高的要求。在这一时期，出现了诸如建设油库时需要进行环评和审批、使用防火防爆设施等规定，进一步加强了油库安全管理。

3.现代化期（20世纪70年代至今）

随着科技的进步和工业化程度的提高，油库安全管理进入了现代化的阶段。在这一时期，油库安全管理的范畴不再局限于火灾和爆炸等事故的防范，而是包括了对环境保护、灾害防治等方面的要求。现代化油库安全管理强调预防为主，采用先进的监测、控制和预警技术，实现对油库充分的安全管理。

（三）影响因素

1.法律法规的逐步完善

随着对环境和人员安全意识的提高，各国纷纷出台了一系列的相关法律法规，强制要求石油行业遵守相关安全规定，并对违规行为进行惩罚。这些法律法规的出台，促进了油库安全管理的发展。

2.技术进步的推动

随着科技的发展，新的安全监测和控制技术不断涌现，例如精确测量和监测技术、自动化控制系统等，大大提高了油库安全管理的水平。这些技术的引入使得油库的安全管理更为精细化和可靠化。

3.社会环境意识的觉醒

在全球环境问题日益突出的情况下，社会对环境保护的重视也在不断提高。人们对于油库的安全风险和环境影响的关注，推动了油库安全管理的发展。企业在面对舆论和社会责任的压力下，为了维护自己的声誉和利益，也逐渐意识到了加强油库安全管理的重要性。

二、油库安全管理的演变和发展

（一）初期阶段：安全意识淡薄

在石油工业初期，由于人们对石油行业的认识不足，对油库安全管理的意识也很淡薄。那时还没有专门的油库安全管理制度和标准，企业的安全生产主要依靠企业自身的管理能力和技术水平来保障。

（二）起步阶段：管理制度逐渐完善

20 世纪 60 年代以后，我国石化工业快速发展，油库安全管理逐渐得到了重视。当时石油工业中的关键问题之一是如何有效地控制火灾和爆炸。在这种背景下，相关单位开始逐步建立了一些石油储存设施的消防安全规范、操作规程等管理制度，逐渐推行科学合理的预防性安全措施和应急处理措施。

（三）规范化阶段：标准逐步制定

20 世纪 70 年代，石油行业开始进行深度改革，同时，产生的重大意外事件也推动了油库安全管理工作的规范化。例如，对石油储罐、输送管道和船舶等设备的设计和使用提出了更为严格的要求和标准，如国家标准《石油储罐地震力学基础规范》以及《石油储罐防静电规范》等，进一步保障了人民生命和财产的安全。

（四）创新发展阶段：技术手段不断更新

20 世纪 80 年代至 90 年代初期，我国油库安全管理方式逐渐向智能化方向转型。在这一时期，新的技术手段和设备不断涌现，如先进的火灾和爆炸监测系统、全自动控制系统、综合信息管理系统等，极大地提高了石油储运系统的智能化程度和危险品的安全性。

（五）现代化阶段：科技创新推动发展

从 21 世纪初期至今，石油工业的快速发展和信息技术的广泛应用助力了油库安全管理的现代化进程。为了防范和应对各种突发事件，相关避险技术在油库安全管理中得到广泛应用。例如，多数企业开始利用先进计算机技术、智能监控和仪器设备实现油库安全自动化管理。

油库安全管理经历了由安全意识淡薄到思想逐渐转变再到演变和发展的不同阶段。随着科技的不断进步和社会的需求变化，我国油库安全管理已逐步建立起一套完整的规范体系，将来还会不断完善和发展。

三、油库安全管理的现状和趋势

（一）油库安全管理的现状

1.法律法规的完善

随着社会对安全生产的重视，国家对于油库安全管理的法律法规逐渐完善。例如，中国颁布了《石油行业安全生产监督管理条例》《石油类产品储存安全规程》等一系列文件，明确了油库安全管理的责任、要求和措施。全球范围内也有许多国家制定了类似的法律法规，规范了油库安全管理的标准和流程。

2.安全管理体系的建立

现代化的油库安全管理强调预防为主，重点在于建立健全的安全管理体系。在实践中，许多油库都建立了严格的安全管理制度，包括安全规章制度、运行标准和作业程序等。通过建立安全管理体系，可以确保油库运营过程中各项安全措施的有效执行，提高安全管理的科学性和可靠性。

3.技术手段的应用

在油库安全管理中，各种先进的监测、控制和预警技术得到了广泛的应用。例如，建立安全监测系统，通过监测油罐压力、温度等参数，及时发现异常情况并进行预警。同时，使用自动化控制系统，实现对油库设备和操作过程的全面监控和控制。这些技术手段的应用，大大提高了油库安全管理的效率和准确性。

4.企业安全文化的重视

越来越多的企业开始意识到油库安全管理与企业发展的紧密联系。为此，企业逐渐重视安全文化的建设，通过开展安全培训、举办安全知识竞赛等活动，提高员工的安全意识和责任意识。同时，加强对职工的安全教育，使其在操作中严格按照规章制度进行，以减少事故发生的概率。

5.环境保护要求的提高

随着环境保护意识的增强，对油库的环境安全管理提出了更高的要求。油库在储存和运输过程中可能产生的污染物和废水废气，需要进行有效的处理和控制，以减少对周边环境的负面影响。因此，许多油库开始引入环境管理体系，并严格执行环境保护措施，保障油库运营的可持续发展。

（二）油库安全管理的趋势

1.信息化技术的应用

随着信息化技术的发展，许多新技术在油库安全管理中得到了广泛应用。例如，无线传感器技术可以实现对油罐内部温度、压力、液位等参数的实时监测和远程控制。人工智能技术可以分析大数据，提前预知可能发生的故障或事故风险。这些技术手段的应用将更加提高油库安全管理的智能化和自动化水平。

2.隐患排查与风险评估

隐患排查和风险评估是油库安全管理中的重要环节。未来，越来越多的油库将加强隐患排查工作，及时发现并排除存在的安全隐患。同时，进行全面的风险评估，对各种安全风险进行评估和分级，确定相应的防范措施和应急预案，以防范事故的发生。

3.优化管理制度和流程

油库安全管理的优化需要不断改进管理制度和流程。在实践中，油库管理者逐渐意识到，建立一套适合自己油库的管理制度和流程十分重要。通过对管理制度和流程的不断优化，可以减少事故发生的概率，提高安全管理的效果和效率。

4.协作与共享平台的建立

在油库安全管理中，协作与共享平台的建立将起到重要作用。不同油库之间的信息和经验互通共享，可以加强各油库之间的合作，共同提高安全管理的水平。同时，通过建立油库安全管理的专业机构和平台，提供专业化的管理服务和咨询，进一步提高油库安全管理的质量和效果。

5.国际合作和标准的统一

油库安全管理是全球性的挑战，需要各国共同努力。未来，国际将进一步加强合作，通过经验交流、技术合作等方式，分享各国的最佳实践，共同提高油库安全管理的水平。同时，国际还需要进一步统一安全管理的标准和要求，以确保国际石油行业的安全发展。

第二章 油库风险评估与管理

第一节 油库风险评估的概念和方法

一、油库风险评估的概念

油库风险评估是指对油库运营过程中存在的潜在威胁和可能损害的各种风险进行全面、系统、科学的识别、评估和分析过程。通过油库风险评估的全面性和科学性，可以有效发现和划定潜在风险，为油库的安全管理提供科学依据和决策支持。

油库作为容纳大量易燃易爆油品的场所，其安全风险具有很高的特殊性和复杂性。在油库运营过程中，可能出现火灾、爆炸、泄漏等灾害事故，对人身安全、环境保护和财产安全造成严重威胁。因此，通过油库风险评估可以全面了解油库的安全状况，准确评估风险的可能性和影响程度，为风险的控制和管理提供依据。

油库风险评估的概念主要包含以下几个方面。

（1）风险识别：通过对油库的设施、设备、操作流程等信息进行收集和分析，识别出潜在的风险因素。这些风险因素可能包括设备老化、事故隐患、操作失误、不良环境因素等。

（2）风险评估：对识别出的潜在风险进行评估，包括评估风险的可能性和影响程度。可能性指的是风险事件发生的概率，影响程度指的是风险事件发生后对人员、环境和财产的损害程度。通过评估可能性和影响程度，确定风险的级别和优先级。

（3）风险分析：对潜在风险的可能性、影响程度和其他相关因素进行综合分析。通过分析，可以深入了解风险的成因、演变过程和扩散路径，为有效控制和管理风险提供科学依据。

（4）风险控制：对识别出的风险以及其可能的后果进行深入研究，制定相应的风险控制策略和措施。风险控制措施包括预防措施和应急响应措施，旨在减少风险的发生概率和降低风险事件对人员、环境和财产的损害。

（5）风险监控：对实施的风险控制措施进行监测和评估，了解措施的有效性和效果。同时，根据需要，随时调整和改进风险管理计划，提高对风险的监控和管理水平。

油库风险评估的目的是提高油库的安全性，减少事故的发生和事故后的损害。通过科学分析和评估，可以发现潜在风险，制定针对性的控制措施，预防和减少事故的发生概率，最大限度地保护人员、环境和财产的安全。

在进行油库风险评估时，需要综合考虑油库的特殊性、场地因素、设备状况、操作规程、监控系统等方面因素。同时，还需要依据相关法律法规和标准要求，采用科学、客观、量化的方法进行评估，为风险的控制和管理提供可靠的依据。

油库风险评估是油库安全管理中非常重要的一环，通过科学的识别与评估，可以全面了解风险的可能性和影响程度，制定有效的风险控制措施，并对其进行监控和改进，以确保油库运营的安全性和可持续发展。

二、油库风险评估的方法

油库风险评估是对油库运营过程中可能存在的各种风险进行综合、科学的识别和评估，以降低事故的发生风险。在进行油库风险评估时，需要采用一些方法和技术来进行风险的识别、分析和评估。下面介绍几种常用的油库风险评估方法。

1.定性分析方法

定性分析方法是通过对风险源、风险事件和影响因素进行描述和分析来评估风险。主要包括故障树分析（FTA）、因果树分析（CTA）等。FTA通过树状图的形式分析系统故障的原因和后果，确定事故发生的可能性和影响程度；CTA则从事件的因果关系出发，分析可能引发风险事件的原因和机理。定性分析方法适用于初步识别潜在风险和优化风险控制措施的阶段。

2.定量风险评估方法

定量风险评估方法是通过数学模型和统计方法来计算和评估风险的可能性和影响程度。常用的方法包括风险矩阵、风险指数、事件树分析（ETA）和蒙特卡洛模拟等。风险矩阵将风险的可能性和影响程度进行分类，并结合专家判断进行评估；风险指数则通过对风险因素进行加权计算得出。ETA通过树状图的形式，分析事故发生的可能性和可能的后果，并计算风险的量化指标；蒙特卡洛模拟则通过随机抽样的方法模拟大量可能的风险事件，计算风险的可能性和影响程度。定量风险评估方法适用于更为详细和准确的风险评估和风险管理决策。

3.敏感度分析方法

敏感度分析方法是通过改变模型输入参数，评估参数对风险评估结果的影响程度，并确定重要参数。敏感度分析方法可帮助识别哪些参数对评估结果影响较大，从而优化模型和提高评估结果的可靠性。常用的敏感度分析方法包括单参数敏感度分析、多参数敏感度分析和全局敏感度分析。

4.经验法和案例法

经验法和案例法通过借鉴过去的事故事件和经验，进行风险评估。主要依赖于专家经验和历史数据，通过分析类似事件的发生和影响情况，评估潜在风险和控制措施的有效性。这种方法具有一定的局限性，但在初步评估和风险预警中起到了重要的作用。

5.综合方法

综合方法是将多种评估方法和技术进行综合运用，以增加评估的全面性和准确性。综合方法可以结合多个评估结果进行综合分析，采用多个评估方法相互验证，从而提高评估结果的可信度。常用的综合方法包括层次分析法（AHP）、模糊综合评价法和权重法。

在实际应用中，根据油库的特点和评估目的，不同的方法和技术可以结合使用，以达到更全面和准确的评估结果。同时，评估过程中还需要与相关技术和管理人员进行充分的沟通和协作，确保评估结果的科学性和实用性。

油库风险评估是油库安全管理中重要的一环。通过采用适当的评估方法和技术，可以全面识别和评估油库存在的潜在风险，为制定有效的风险控制措施和风险管理提供科学依据。

第二节　油库风险管理的原则和流程

一、油库风险管理的原则

油库风险管理的原则是指在进行风险管理过程中应遵循的基本原则和规范。遵循这些原则可以帮助油库实施有效的风险管理措施，降低事故发生的可能性和影响程度。下面介绍几个常用的油库风险管理原则。

（1）风险识别原则：风险识别是风险管理的起点。油库应根据其特点和运营过程，全面识别可能存在的各类风险源、风险事件和影响因素，包括设备故障、操作失误、自然灾害等。在风险识别过程中，应充分借鉴过去的事故经验和专家知识，结合科学的方法和技术进行评估，确保风险的全面、准确识别。

（2）风险评估原则：风险评估是对风险进行综合、科学的评估，以确定风险的可能性和影响程度。在风险评估过程中，应根据识别出的风险，采用适当的方法和技术进行评估，包括定性评估和定量评估。评估结果应准确、可靠，并与相关技术和管理人员进行充分的沟通和协作，以保证评估结果的科学性和实用性。

（3）风险控制原则：风险控制是降低风险的可能性和影响程度的关键措施。在进行风险控制时应遵循以下原则。

①预防优先原则：预防优先是指在风险管理过程中，应以预防为主要策略，通过采取措施预防风险的发生，减少事故的可能性。包括加强设备维护和检修、培训人员的操作技能、制定规范的操作程序等。

②综合管理原则：综合管理是指在风险管理过程中，需要各方面的协同合作，充分利用和整合资源。包括油库的管理层和技术人员的积极参与、与相关部门和机构的合作、与企业的沟通和协作等。

③合理配置原则：合理配置是指根据风险评估结果和可行性分析，对风险进行合理的配置。根据风险的概率和影响程度，对风险进行优先级排序，并确定相应的控制措施和投入资源。

（4）监控和改进原则：监控和改进是风险管理过程的重要环节。油库应建立健全的监控机制，及时收集、记录和分析风险相关的数据和信息，评估和控制风险的效果。同时，应开展定期的风险评估和管理体系的内外审查，发现和解决存在的问题，及时采取纠正措施，提高风险管理的水平。

（5）法律、法规和标准要求原则：风险管理应符合国家和地区的法律、法规和标准要求。油库应建立和落实符合法律法规和标准要求的风险管理体系，并参照专业标准和规范进行操作。

油库风险管理应遵循风险识别、风险评估、风险控制、监控和改进以及法律法规和标准要求等原则。通过遵循这些原则，油库可以有效地实施风险管理，确保运营安全，保护人员和环境的安全。

二、油库风险管理的流程

油库风险管理的流程是指在油库运营中进行风险管理的一系列步骤和措施。包括风险识别、风险评估、风险控制、风险监控和改进等环节。下面将详细介绍油库风险管理的具体流程。

（一）风险识别

风险识别是风险管理的起点。油库应组织专业人员对油库的运营过程中可能存在的各类风险源、风险事件和影响因素进行全面识别。这包括设备故障、操作失误、自然灾害等。识别风险的方法包括过去的事故经验总结、现场观察和调查、专家评估等。在进行风险识别时，还应参考相关法律法规和标准要求。

（二）风险评估

风险评估是对识别出的风险进行综合、科学的评估，以确定风险的可能性和影响程度。评估风险的方法有定性评估和定量评估两种。定性评估是指根据经验和专家意见对风险进行主观判断，确定风险的严重性、概率和可控性等。定量评估是指采用科学的方法和技术进行风险分析和计算，得出风险的具体数值，如风险值和风险等级等。评估结果应准确、可靠，并与相关技术和管理人员进行充分的沟通和协作，以保证评估结果的科学性和实用性。

（三）风险控制

风险控制是降低风险的可能性和影响程度的关键措施。在进行风险控制时应遵循以下原则。

预防优先原则：预防优先是指在风险管理过程中，应以预防为主要策略，通过采取措施预防风险的发生，减少事故的可能性。包括加强设备维护和检修、培训人员的操作技能、制定规范的操作程序等。

综合管理原则：综合管理是指在风险管理过程中，需要各方面的协同合作，充分利用和整合资源。包括油库的管理层和技术人员的积极参与、与相关部门和机构的合作、与企业的沟通和协作等。

合理配置原则：合理配置是指根据风险评估结果和可行性分析，对风险进行合理的配置。根据风险的概率和影响程度，对风险进行优先级排序，并确定相应的控制措施和投入资源。

风险控制措施包括技术控制、管理控制和行为控制等。技术控制包括采用先进的设备和工艺、进行防护装置和安全设施的设置等。管理控制包括建立健全的管理制度、制定规范的操作程序、培训和考核人员等。行为控制包括遵守规定的操作要求和安全规范、强化安全意识和安全文化等。

（四）风险监控和改进

风险监控和改进是风险管理过程的重要环节。油库应建立健全的监控机制，及时收集、记录和分析风险相关的数据和信息，评估和控制风险的效果。监控包括定期的巡检、设备状态的监测、事故事件的报告和管理等。同时，应开展定期的风险评估和管理体系的内外审查，发现和解决存在的问题，及时采取纠正措施，提高风险管理的水平。

（五）持续改进和提升

风险管理是一个持续改进和提升的过程。风险管理体系应与油库的业务、技术和管理相结合，不断跟进和适应变化的风险情况和管理需要。油库应建立健全的风险管理体系，并依据风险管理体系的要求进行不断改进。例如，开展相关培训和容灾演练，进行事故模拟和情景分析，引进先进的风险管理技术和方法等。

油库风险管理的流程包括风险识别、风险评估、风险控制、风险监控和改进等环节，通过逐步进行这些措施，油库可以有效地降低事故的发生可能性和影响程度，保障油库运营的安全和可靠。

第三节　油库安全风险的识别与评估

一、收集信息

油库安全风险的识别与评估的第一步是收集相关信息。该步骤是为了获得油库的全面了解，包括其设施、设备、操作规程等信息。下面将详细介绍油库安全风险识别与评估中信息收集的内容和方法。

首先，需要收集油库的基本信息，包括企业名称、所在地区、油库规模等。这些信息可以从企业官方网站、企业年报或相关政府部门的网站中获取。

接着，需要收集油库的设施信息。主要包括油库的建筑结构、储罐类型和规格、输油管道以及与其相关的设施，如泊位、码头等。这些信息可以通过现场勘察、企业提供的设施图纸、工艺流程图等获得。

同时，需要收集油库的设备信息。包括储罐的液位监测设备、泄漏探测系统、灭火系统、通风设备等。此外，还应了解设备的运行状况、维修记录等。这些信息可以通过企业提供的设备清单、维修记录、检验报告、现场检查等获得。

另外，需要收集油库的操作规程和安全管理制度。这包括油库的操作手册、紧急预案、安全管理制度等文件。同时，也要了解相关的培训和考核情况。这些信息可以通过企业提供的文件、与油库管理人员的交流等获得。

此外，还需要收集油库的历史事故情况。了解过去发生的事故类型、原因和后果，对于评估风险和制定控制措施具有重要意义。这些信息可以通过企业提供的事故报告、调查报告、相关新闻报道等获得。

最后，需要收集与油库安全管理相关的法律法规和标准要求。这些文件包括国家、地方和行业的法规、标准、规范等。这些信息可以从相关政府部门、行业协会网站等获取。

信息收集的方法主要包括文件查阅、现场调查、与油库管理人员的访谈和交流等。在收集信息的过程中，应保持客观、准确、全面的态度。同时，为了保护企业的商业机密，需要与企业沟通并取得其授权。

通过收集油库的相关信息，可以帮助我们全面了解油库的设施、设备、操作规程等情况，为油库安全风险的识别和评估奠定基础。这对于制定合理的风险控制措施和建立风险管理体系非常重要。

二、识别潜在风险

识别潜在风险是进行油库安全风险评估的重要步骤之一。通过对油库各个环节和活动进行分析，可以发现可能存在的安全风险，并为后续的评估和控制提供基础。下面将详细介绍如何识别油库潜在风险。

（一）储罐区域

储罐是油库的核心设施，常常被认为是潜在的安全风险点。在识别潜在风险时，需要考虑以下因素。

储罐泄漏：储罐泄漏可能导致火灾、爆炸、环境污染等严重后果。需要关注储罐的完整性、泄漏探测和监测系统、防泄漏措施等。

稳定性：储罐的稳定性可能受到地震、风力等外部因素的影响。需要评估储罐的设计、施工及维护情况，了解其承受能力。

腐蚀和老化：储罐腐蚀和老化可能导致漏油、倾倒、坍塌等事故。需要关注腐蚀防护、定期检验和维护情况。

液位控制：储罐液位的控制不当可能导致溢出或液位过低，影响安全和生产。需要关注液位监测设备的可靠性和操作规程。

（二）输送管道

输送管道在油库中起着重要的作用，但也存在一定的风险。在识别潜在风险时，需要考虑以下因素。

泄漏和爆炸：输送管道泄漏和爆炸可能导致火灾、环境污染等安全事件。

需要关注管道的完整性、泄漏探测和监测系统等。

腐蚀和损坏：输送管道的腐蚀和损坏可能导致漏油、泄漏等事故。需要关注管道的保护措施、定期检验和维护情况。

压力控制：输送管道的过高或过低的压力可能影响安全和生产。需要关注压力控制装置的可靠性和操作规程。

（三）操作规程和工艺流程

油库的操作规程和工艺流程对于确保安全运营非常重要。在识别潜在风险时，需要考虑以下因素。

操作程序：不正确或不规范的操作程序可能导致事故发生。需要关注操作规程的完备性、员工培训和考核情况。

作业安全：作业中存在的不安全行为或操作可能引发事故。需要关注作业安全的培训和监管情况，以及作业安全标准和程序的执行情况。

管理体系：管理体系的缺陷可能导致事故发生。需要对安全管理制度进行评估，包括培训计划、紧急预案、检查和评估等。

（四）环境因素

油库所处的环境因素可能影响其安全风险。需要考虑以下因素。

地质条件：油库所处的地质条件可能会对储罐稳定性和地基稳定性产生影响。需要评估地质条件并采取相应的防护措施。

气象条件：气象条件可能对火灾、爆炸等事故产生影响。需要关注天气监测和预警系统、防雷设施等。

邻近环境：油库周边的设施和环境（如住宅区、餐饮等）对安全风险也可能产生影响。

在识别潜在风险时，需要综合运用相关文献资料、历史事故案例分析、现场考察和与油库管理人员和员工的交流等方法。同时，也应遵守相关安全规定和保护措施，确保识别过程的安全和可靠性。

通过对油库各个环节和活动进行分析，可以识别潜在的安全风险。这为进一步评估风险和采取相应的控制措施提供了基础。安全风险识别是油库安全管理的重要环节，对于保障油库的安全运营至关重要。

三、评估风险的可能性与影响

评估风险的可能性和影响是进行油库安全风险评估的关键步骤之一。通过对潜在风险进行可能性和影响的评估，可以确定风险的级别，为制定有效的控制和应对措施提供依据。下面将详细介绍如何评估风险的可能性和影响。

（一）风险可能性评估

风险可能性评估主要是对潜在风险发生的概率进行评估。在评估风险可能性时，可以考虑以下因素。

相关数据和经验：分析历史事故数据、相关统计数据和文献资料，了解类似风险事件在过去发生的频率和概率。

环境条件：考虑油库所处的地理、气象和地质条件，评估这些条件对风险发生的影响。

设备状态和维护情况：评估设备的状态以及维护和保养的情况，根据设备的可靠性和失效历史来评估风险发生的概率。

操作程序和人员素质：评估操作规程的完备性、员工的培训和素质，考虑不合规操作和不安全行为引发事故的可能性。

风险可能性评估常用的方法包括概率论、统计学、专家判断和经验法等。可以根据实际情况选择适用的方法或结合多种方法进行评估。

（二）风险影响评估

风险影响评估主要是对潜在风险发生时产生的影响程度进行评估，包括人身伤亡、环境污染、经济损失等。在评估风险影响时，可以考虑以下因素。

人身安全：评估潜在风险对人身安全的影响，包括可能导致的伤亡和健康损害。

环境影响：评估潜在风险对周围环境的影响，包括土壤、水源、空气质量等方面。

经济影响：评估潜在风险对油库运营和相关产业的经济影响，包括生产中断、财产损失等。

风险影响评估的方法通常包括定量分析和定性分析。定量分析是通过数值计算来评估风险影响的程度，例如利用经济模型计算经济损失的金额。定性分析是通过专家判断和经验法来评估风险影响的程度,例如利用专家评分法或风险矩阵进行评估。

（三）风险级别确定

在对风险可能性和影响进行评估后,可以将风险分为不同的级别,通常是通过组合可能性和影响等级来确定。

可能性和影响等级的划分标准可以根据实际情况进行制定,常见的有低、中、高等级别。

根据可能性和影响等级的组合,将风险分为不同的级别,如低风险、中风险和高风险。

通过评估风险的可能性和影响,可以了解风险的程度和分布情况,有助于优先处理和控制风险。同时,评估结果还可以为制定预防和应对措施提供依据,以降低风险的发生和影响。安全风险评估是油库安全管理的重要环节,对油库的安全运营具有重要意义。

（四）制定风险优先级

根据风险的级别,确定优先处理的风险。

（五）制定风险控制措施

针对每个风险,制定相应的风险控制措施,包括预防措施和应急响应措施。

（六）评估控制措施的有效性

对已实施的风险控制措施进行评估,检查其有效性和效果。

（七）调整和改进风险管理计划

根据评估结果,对风险管理计划进行调整和改进,以提高安全风险的管理水平。

第四节　油库安全风险的控制与管理

一、风险控制措施的制定和实施

风险控制措施的制定和实施是确保油库安全的重要步骤。下面将详细介绍风险控制措施的制定和实施的具体内容。

（一）制订油库安全管理计划

制订油库安全管理计划是确保油库安全的基础。安全管理计划应包括以下内容。

风险评估结果：基于风险评估的结果，确定潜在风险的级别和对应的控制措施。

安全控制措施：明确针对各类风险所需采取的安全控制措施。

职责和责任：明确各级管理人员和员工的职责和责任，确保安全管理工作的落实。

监督检查和评估机制：建立监督检查和评估机制，定期对安全控制措施的执行情况进行检查和评估。

（二）设立必要的安全控制措施

根据风险评估的结果，制定并设立必要的安全控制措施。

技术措施：例如安装火灾报警器、监控摄像头、气体泄漏监测设备等，用于监测潜在危险和异常情况。

管理措施：例如制定标准操作规程和管理程序，确保操作的规范性和一致性。同时设立安全检查和审核机制，加强对操作的监督和管理。

人员措施：例如培训员工的安全意识和技能，加强对员工的指导和教育，提高其危险识别和应对能力。

（三）配备必要的安全设备

为了增强对潜在风险的监控和控制能力，需要配备必要的安全设备。

灭火器和消防设备：根据油库的规模和属性，配备适当类型和数量的灭火器和消防设备，用于应对可能发生的火灾危险。

气体泄漏监测设备：安装气体泄漏监测设备，及时发现和处理潜在气体泄漏风险。

防爆设备和防护装备：根据油库的性质和工作环境，配备必要的防爆设备和防护装备，确保员工的人身安全。

（四）建立应急预案和演练机制

应急预案是针对紧急情况的行动指南，通过预先制定的措施和程序来快速应对和应急处理。建立应急预案的步骤如下。

识别可能发生的紧急情况：根据风险评估的结果，预测可能发生的紧急情况，如火灾、气体泄漏等。

制定应急预案和程序：明确应对不同紧急情况下的行动方案，包括报警、疏散、灭火、救援等。

应急职责和责任：明确各级管理人员和员工在紧急情况下的职责和责任。

演练和培训：定期组织应急演练和培训，提高员工的应急处理能力和反应速度。

通过制定和实施上述风险控制措施，油库可以有效预防和控制潜在风险的发生，保障油库的安全运营。同时，应急预案的建立和演练也能够在紧急情况下迅速应对，最大限度地减少人员伤亡和财产损失。

二、风险监测和预警

风险监测和预警是确保油库安全的重要环节。油库作为储存和运输燃油等危险品的场所，存在着一定的安全风险。因此，定期进行油库安全检查和监测，建立风险监测与预警系统，并能够及时发现和通报安全风险，是保障油库安全的重要措施。

（一）定期进行油库安全检查和监测

1.设备检查

油库安全设备的正常运转非常重要。定期对油库安全设备进行检查，包括灭火器、消防设备、气体泄漏监测设备等。检查应确保这些设备的工作状态良好，以便在发生紧急情况时能够迅速投入使用，确保人员安全。

2.环境检查

油库周边的环境安全也是油库安全的重要因素。进行环境检查时应检查防火防爆措施的有效性，排查油库周边是否存在潜在的火源等安全隐患。同时，还需对周边环境进行定期巡查，确保没有其他危险品或灾害事件的发生。

3.操作检查

员工的操作规范性和合规性直接关系到油库的安全。定期对员工的操作进行检查，确保操作符合相关的安全规程和要求。此外，还应对员工进行安全培训，提高他们的安全意识和应急处理能力。

（二）建立风险监测与预警系统

1.数据采集与监测

通过安全监测设备和传感器，实时采集和监测油库和周边环境的各类指标和数据。如温度、气体浓度、油罐液位、气象因素等。这些数据可以反映油库的运行状态和潜在风险。采集到的数据应保存并进行分析，以便及时发现异常情况。

2.风险分析与预警模型

对采集到的数据进行分析，构建风险评估模型。该模型可以根据数据趋势和指标变化，判断出潜在的安全风险。建立风险评估模型需要借鉴历史数据和实验室测试结果，提高模型的精确性和可靠性。

3.预警报警系统

当风险评估模型判断存在潜在安全风险时，应触发预警报警系统。预警报警系统可以通过声音、光线、短信、App等方式发出预警信号和警报，以确保人员及时得到提醒并采取相应的应对措施。

（三）及时发现和通报安全风险

1.油库管理人员通报

在发现潜在安全风险后，应及时通报油库管理人员。油库管理人员有责任制定相应的处置措施，并组织相关人员进行处置。他们应根据风险的严重程度和紧急性，采取相应的行动措施，确保油库及周边人员的安全。

2.相关执法部门通报

在发现潜在安全风险后，还应及时通报相关执法部门，如消防部门、环保部门等。相关执法部门具备权威性和专业性，可以给予必要的支持和协助，确保事故的及时处理。

3.员工和周边居民通报

发现潜在安全风险后,应及时通报油库员工和周边居民。他们应被告知相关风险信息,并引导他们采取必要的防护措施和行动。油库员工可以配合管理人员进行应急处置,而周边居民可以做好自我保护,避免暴露在潜在危险中。

在风险监测和预警的过程中,需要建立完善的信息共享机制。油库管理人员、执法部门、员工和周边居民之间必须形成紧密合作,相互配合,才能实现对安全风险的有效监测和预警。

定期进行油库安全检查和监测,建立风险监测与预警系统,并能够及时发现和通报安全风险,可以最大限度地减少事故的发生概率,并快速响应和处理紧急情况,保障油库和周边居民的安全。因此,各相关方应高度重视风险监测和预警工作,确保油库安全运营。

三、员工培训和意识提升

员工培训和意识提升是保障油库安全的重要环节。通过进行安全培训和教育,提高员工的安全意识和应急能力,建立安全文化和风险意识,可以有效地预防和应对潜在的安全风险。

(一)进行安全培训和教育

1.基础知识培训

对于新入职员工,应提供相关的基础知识培训,包括油库的安全规程、操作规范、燃油特性、危险品管理等。培训内容应涵盖油库的安全相关知识和技能,并通过理论和实践结合的方式进行培训。

2.操作培训

针对不同岗位的员工,应进行专业的操作培训。包括油库设备的正确操作方法、应急处置流程、灭火器的使用方法等。培训应注重实际操作,让员工熟悉设备和流程,并通过模拟演练提高应急处理的能力。

3.安全法规培训

员工应了解相关的安全法规和标准,掌握油库安全管理的法律依据。通过安全法规培训,员工可以明确自己的权责,合法合规地开展工作。此外,还应不定期组织安全法规知识竞赛等活动，提高员工对安全法规的学习兴趣。

（二）提高员工安全意识和应急能力

1.安全意识教育

培养员工的安全意识是防范安全风险的基础。通过给员工进行安全意识教育，让他们深刻认识到油库的危险性，并时刻保持警惕。教育内容可以包括安全事故的案例分析、安全隐患的识别与排除等，增强员工对安全问题的敏感性。

2.应急演练

定期组织应急演练，让员工在模拟的紧急情况下学习应对措施和操作流程。演练内容可以包括火灾处置、泄漏事故应急处理等，通过实际操作提高员工的应急能力。演练过程中还可以评估员工的应急表现，并对不足之处进行指导和纠正。

3.安全知识宣传

通过不定期的安全知识宣传活动，提高员工对安全知识的了解和掌握。宣传形式可以多样化，如张贴安全标语、播放安全教育片、组织安全讲座等。宣传内容应与员工的工作实际相结合，直击员工的安全需求，强化宣传效果。

（三）建立安全文化和风险意识

1.管理层示范

建立安全文化需要从领导层做起。公司管理层应具备良好的安全意识和行为示范，注重安全工作的组织和推动。管理层通过自身的言行，鼓励员工积极参与安全工作，形成良好的安全文化氛围。

2.员工参与

员工是安全工作的直接参与者和执行者，他们的积极性和主动性对于安全工作的开展至关重要。应鼓励员工参与安全活动，如安全委员会、安全会议等，让员工参与决策和制定安全措施，增强他们对安全事务的责任心和归属感。

3.风险评估和改进

定期进行风险评估，发现和分析潜在的安全风险。对于发现的风险，应及时采取改进措施，更新操作规程和标准。员工应参与风险评估和改进的过程，发现问题、提出建议，并跟进改进计划的执行结果，以不断提高安全管理的水平。

总之，通过进行安全培训和教育、提高员工的安全意识和应急能力、建立安全文化和风险意识，可以有效地提升员工对安全工作的重视程度，从而保障油库的安全运营。公司管理层应高度重视员工培训和意识提升，将安全工作纳入日常管理范畴，确保员工的安全和健康。

四、风险防范和事故应对

风险防范和事故应对是油库安全管理的核心内容，只有加强风险管控和有效应对事故，才能确保油库的安全运营。下面将从以下三个方面详细论述风险防范和事故应对的相关措施。

（一）制定事故应急预案和处置流程

1.事故应急预案的制定

油库应根据实际情况制定完善的事故应急预案，明确各种可能发生的事故类型和应对措施。预案应包括事故的定义、责任界定、应急救援组织机构、资源调配、沟通协调等内容。同时，预案还应结合实际情况，制定不同级别事故的应急预案。

2.处置流程的明确

事故应急预案应明确事故的处置流程，包括发生事故的报告、应急救援的启动、相关部门的配合和协调等。每个环节应明确责任人、时间节点和工作重点，确保应急救援工作的高效运行。

3.事故应急演练

定期组织事故应急演练，让相关部门人员熟悉应急处置流程和工作要求。通过演练可以查找不足和问题，并及时进行改进。演练还可以提高员工的应急反应和处理能力，增强应对突发事件的能力。

（二）建立安全纪律和事故报告机制

1.建立安全纪律

油库应建立严格的安全纪律，包括安全操作规程、个人防护措施、违章处罚等。员工应被教育宣传安全纪律的重要性，并将之作为工作的基本要求。同时，应对安全纪律的遵守进行检查和监督，纠正不符合安全规定的行为。

2.事故报告机制

油库应建立完善的事故报告机制,明确事故应急情况的报告程序和报告内容。员工应被要求立即上报任何事故和安全隐患,包括可能发生的事故风险和已经发生的事故。同时,应保护报告人员的安全,对于真实和有效的报告予以保密并给予奖励,鼓励员工勇于发声。

3.事故调查与分析

对于发生的事故,油库应及时进行调查和分析。调查应包括事故原因的查明、责任的界定、类似事故的预防措施等。通过调查分析,可以找出事故的根本原因,采取相应的措施和改进,避免类似事故的再次发生。

(三)加强安全巡查和隐患排查

1.安全巡查

油库应定期进行安全巡查,确保设施设备的正常运行和安全性能的稳定。巡查内容应包括油库设备的完好性、安全设施的有效性、安全操作的规范性等。巡查记录应翔实,发现问题及时进行整改并记录,确保隐患及时消除。

2.隐患排查

油库应定期进行隐患排查,发现和消除存在的安全隐患。排查内容应包括设备的技术状态、设施的完整性、防护措施的有效性等。排查结果应记录并及时进行整改,对于较大隐患应立即采取措施予以消除。

3.安全督导与识别

油库应建立专门的安全督导机构,定期进行安全督导和评估。督导应包括对各部门的安全管理情况的评估和指导,重点关注存在的安全风险和管理漏洞。通过督导可以及时发现和纠正问题,提高安全管理的水平。

为了确保油库的安全运营,必须加强风险防范和事故应对工作。油库应制定完善的事故应急预案和处置流程,建立安全纪律和事故报告机制,加强安全巡查和隐患排查。只有在各个环节都做到预防为主、应急为辅,才能最大限度地减少事故发生,提高油库的安全性和可靠性。

五、监督与评估

监督与评估是风险防范和事故应对的关键环节,只有对风险管理措施进行有效监督和评估,才能发现问题并及时采取措施进行改进。下面将从以下三个方面详细论述监督与评估的相关措施。

（一）建立独立的监督机构或部门

1.角色明确

油库应建立独立的监督机构或部门,负责对风险管理措施的执行情况进行监督,确保各项措施落实到位。该机构或部门应与其他部门相互独立,有维护公正性和客观性的能力。

2.职责明确

监督机构或部门应明确自己的职责和权限,包括对风险管理措施的合规性检查、事故应急预案的执行情况、员工安全纪律的遵守程度等。同时,还需定期向管理层汇报监督结果,并提出改进措施和意见。

3.监督方式

监督机构或部门可以采取定期巡查、专项检查、抽查等方式来进行监督。监督过程中应注重发现问题、解决问题,及时向管理层反馈问题和意见。同时,监督机构或部门还应内外部协同合作,与监管机构建立紧密的联系。

（二）定期进行风险评估和管理效果评估

1.风险评估

油库应定期进行风险评估,对潜在的风险进行识别、评估和优先排序。评估的内容涉及油库设施设备的状况、人员的安全素质和应急准备等。通过风险评估,可以及时发现和预防潜在的事故风险。

2.管理效果评估

油库应定期评估风险管理措施的有效性和实施情况。评估的内容包括事故发生率、事故损失的程度、应急救援的响应速度和效果等。通过管理效果评估,可以及时发现问题,促进风险管理措施的优化和改进。

3.风险管理措施调整

根据评估结果,油库应根据需要及时调整和优化风险管理措施。对于风险较大的环节，应加强控制和监督，对于不能有效控制的风险，应考虑引入新的措施或技术手段。调整和优化措施应充分考虑成本效益和可行性。

（三）随时调整和优化风险管理措施

1.及时纠偏

在监督和评估的过程中，发现问题或风险的隐患时，油库应及时采取纠正措施，防止事故的发生。措施的纠偏重点应考虑事故的根本原因，以避免问题再次出现。

2.不断创新

油库应积极引进新的技术和管理手段，提升风险管理的水平。定期开展安全技术交流和培训，了解最新的风险管理经验和技术，将其应用于实践中。

3.经验共享

油库应建立经验分享机制，与其他同行业公司或行业协会进行经验交流和学习。借鉴他人成功的经验，以及研究和分析他人的失败经验，从而更好地改进自身的风险管理措施。

为了提高风险防范和事故应对的效果，油库必须建立独立的监督机构或部门，定期进行风险评估和管理效果评估，并随时调整和优化风险管理措施。只有通过监督和评估的手段，才能及时发现问题和隐患，及时进行改进和调整，确保油库的安全运营。

第三章 油库设施与装备的安全管理

第一节 油库设施与装备的安全管理概述

一、油库设施的定义

油库设施是指为储存、加工、运输和分销液态石油产品而建造的设备和建筑物。油库设施一般包括储罐、加油站、泊位、管道、泄漏控制系统、检测仪器等。

（一）储罐

储罐是油库设施中最基本的储存设备，用于暂时储存原油或成品油。储罐根据其容积大小和用途不同，分为地下储罐和地上储罐两种。地下储罐主要用于储存汽油、柴油等成品油类别，而地上储罐则大多用于储存原油、石油焦等原料。

（二）加油站

加油站是油库设施中的服务设施，用于向客户提供成品油加油服务。加油站设计的目的是为了方便车辆进出，同时也要满足客户取货和支付的需求。加油站通常由一个或多个储罐、加油泵、计量表、油气回收装置、加热装置等组成。

（三）泊位

泊位是指供船只靠泊卸载或装载石油产品的场所。油库设施中的泊位通常由固定式和浮动式两种，其中固定式泊位是在陆地上建造的，而浮动式泊位则是建在水面上的平台式结构。泊位的设计需要考虑到船只大小、装卸时间、潮汐等因素。

（四）管道

管道是将石油产品从储罐运输到加油站或其他目的地的主要方式之一。油库设施中的管道系统包括输油管道、收油管道以及辅助设备如阀门、压力表等。管道必须采用优质材料制造，同时设有泄漏控制和监测系统，防止发生漏油事故。

（五）泄漏控制系统

泄漏控制系统是为了防止漏油事故而设置的设备。它包括泄漏报警系统、泄漏检测系统和泄漏管理系统等。这些设备能够实时监测管道和储罐的状态，并在发现异常情况时进行报警和处理，有效避免漏油事故的发生。

（六）检测仪器

检测仪器是为了确保油库设施安全运营而设置的设备。主要包括油位计、温度计、压力表等。这些仪器能够实时监测设施的运行情况，及时发现异常情况，并给予相应的警报和处理。

油库设施是一个复杂而庞大的系统，其中各种设备和建筑物之间互相配合，协调工作，确保石油产品的储存、加工、运输和分销过程中安全可靠、高效节能。

二、油库设施的分类

油库设施可以根据功能、储存方式和规模等因素进行分类。以下是常见的几种分类方式。

（一）按功能分类

储罐：储藏各类液态石油产品，包括原油、成品油、化工原料等。

加油站：为车辆提供加油、充气等服务。

泊位：运输船只靠泊装卸或接收石油产品。

管道系统：用于连接储罐和加油站等设施，将石油产品输送至不同的目的地。

油气回收装置：回收车辆加油时产生的废气和蒸发损失。

检测系统：监测油库设施中液体位面高度、压力、温度和泄漏等情况，及时报警并采取应对措施，确保设施安全运行。

（二）按储存方式分类

地下储罐：将储罐埋入土中，主要用于储存汽油、柴油、航空煤油等成品油。

地上储罐：建造在地面上的储罐，主要用于储存原油、重质油、石油焦等原材料。

（三）按规模分类

大型油库：主要服务于国家石化公司、大型炼油企业和大型物流公司，储罐数量较多,设施配套完善,可以储存大量各类石油产品。一般规模为储罐数在 100 个以上。

中型油库:主要服务于地方石化公司、中型炼油企业和物流公司,储罐数量较少,设施相对简单,可以储存少量的各类石油产品。一般规模为储罐数在 50~100 个。

小型油库:主要服务于小型炼油企业和加油站群,储罐数量较少,设施比较简单,主要用于储存汽油、柴油和机动车润滑油等常用成品油。一般规模为储罐数在 50 个以下。

不同类型的油库设施都有其自身的特点和应用范围,在储存、加工、运输和分销石油产品的过程中起着重要作用。

三、油库设施的重要性

油库设施是石油行业中重要的基础设施之一,它在储存、加工、运输和分销石油产品方面发挥着至关重要的作用。下面从四个方面介绍油库设施的重要性。

(一)保障国家经济安全

石油是现代工业的血液,其供应的稳定性直接关系到国家经济的发展。油库设施通过储存、加工和分销石油产品,保证了国家能源供应的稳定性。同时,它也为国家创造了大量的就业机会,并支撑了整个石油产业的发展。

(二)提高经济效益

油库设施可以将原材料采购和成品油销售之间的成本降至最低点,同时也可以实现规模化管理和生产。这样不仅可以提高企业的市场竞争力,还能够降低生产成本,提高企业盈利水平。

(三)促进交通运输

油库设施为各种交通运输提供了燃料,例如汽车、船只、飞机等。石油产品的顺畅调配使得物流系统更加灵活高效,提升了整个物流行业的服务质量。同时,油库设施带动了周边交通运输、餐饮、住宿等相关行业的发展,形成了一定规模的综合性产业群。

(四)保护环境和民生安全

油库设施具备多重防漏措施,如泄漏控制装置、防爆装置、泄漏检测系统等。这些设备的设置可以有效地防范油料泄漏事件的发生，确保对环境和民生的安全保护。此外，在储罐和管道内部还设置有自动监测系统和清洗设备，挖掘机械设备进行清洁，以保证设施的卫生和安全。

油库设施在石油行业中扮演着不可替代的重要角色，它不仅为国家经济的发展提供了稳定的能源支持，更为整个物流行业的发展打下了坚实的基础，同时也是保障民众生活安全和健康的必要设施之一。为此，我们必须高度重视油库设施的建设和管理，落实好各项防范措施，确保其在社会经济发展中发挥更大的作用。

四、油库设施安全管理的目标和原则

油库设施安全管理对于整个石油行业的发展和人们生活安全保障具有重要意义。

（一）油库设施安全管理的目标

1.保证运营安全

油库设施安全管理的主要目标是确保其在运营过程中的安全性和稳定性，避免发生火灾、爆炸、泄漏等危险事件，并减少此类事件造成的损失。

2.保护环境

油库设施安全管理需要通过防范油料泄漏和其他污染源，保护周边环境的质量和清洁度，同时遵守相关法规，避免对环境造成不良影响。

3.保障民众安全

油库设施安全管理还需要关注公众的健康和安全问题，如加强安全教育和培训、制定应急预案和应急响应措施等，以提高公众对油库设施安全的认知度和应对能力。

（二）油库设施安全管理的原则

1.安全第一

安全第一是油库设施安全管理的核心原则，也是构建现代安全文化的重要途径。这个原则包括了预防和避免危险事件、及时发现和处理存在的问题、提高员工的安全意识等各个方面。

2.全员参与

油库设施安全管理需要全员参与，加强员工的安全教育和培训，使其认知到对安全的重视和责任感，同时强调员工的安全意识和安全行为规范。

3.风险管理

风险管理是油库设施安全管理的重要措施之一，它通过对危险源进行分析、评估和控制，减少和消除各种安全隐患。对基础设施、人员、技术、环境等方面的风险都应该进行综合评估，以最大限度地保障油库设施运营的安全性。

4.持续改进

油库设施安全管理需要持续改进，不断优化管理理念和方法，提高安全管理水平和效率。必须根据实际情况，从人员配备、技术设备、防范措施等方面持续完善管理，以确保油库设施的卓越表现。

5.合规与诚信

油库设施安全管理需要遵守相关法规和规章制度，同时也需要建立健全的企业诚信体系。要加强对内部员工、供应商、客户、承包商等合作伙伴的管理和监督，促进良性互动，形成合规与诚信的经营氛围。

（三）实现目标和原则的方法

为实现油库设施安全管理的目标和原则，需要采取一系列的有效方法。

（1）制定相应的标准和规范，并通过各种渠道宣传和推广。

（2）加强对员工的安全教育和培训，提高安全意识和技能水平。同时，要建立有效的员工考核机制，激励员工对安全管理的重视和投入。

（3）实行科学合理的风险评估体系，减少各类危险源的影响。制定健全应急预案和响应机制，并加强演练和模拟演习，以便快速稳妥地处理突发事件。

（4）建立严格的设备检查和维护标准，确保设施和设备处于最佳状态。定期进行设备检查和维护，及时发现和解决存在的问题，避免安全隐患的不断积累。

（5）实行信息化管理，采取先进的监测、控制系统和智能化设备。通过互联网和云技术，实现数据的实时监测和远程控制，做到预防事故，为油库设施的安全管理提供技术支持。

（6）加强与政府和相关单位的沟通和协作，落实好油库设施的环境保护和应急预案等各方面的责任。同时，也要加强对社会公众和媒体的宣传教育，增强公众对油库设施安全管理的关注和认知度。

油库设施安全管理的目标和原则是确保其在运营过程中的安全稳定性，避免危险事件的发生，并减少损失。实现这些目标需要借助先进的技术手段和科学有效的管理方法，同时还需要加强员工的安全意识和责任感，与政府和社会各方面建立良好的合作关系。只有这样，才能不断提高油库设施安全管理的水平，为石油行业的发展和人们生活安全保障做出更大的贡献。

第二节　油库容器的安全管理

一、油库容器的种类与用途

油库容器是指储存石油产品的设备，主要用于储存原油、成品油、润滑油等各种类型的石油产品。根据不同的需求，油库容器可以分为许多不同种类，下面我们将详细介绍每一种油库容器的用途和特点。

（一）垂直罐式油库容器

垂直罐式油库容器是较为常见的一种储油设备，它主要用于储存大量的原油或成品油。这种容器通常是由钢制材料制成，形状呈圆锥形，顶部开口。在安装时需要在地基上固定，以保证容器的稳定性。垂直罐式油库容器的优点在于其可以储存大量的石油产品，也比较容易进行维护和清洁。

（二）水平罐式油库容器

水平罐式油库容器与垂直罐式油库容器很相似，只是形状不同。水平罐式油库容器通常是由钢制材料制成，形状呈长方形或方形。这种容器主要用于存储成品油，也可以用来储存其他类型的石油产品。由于水平罐式油库容器相对较小，可以在地面上或者是半地下安装。

（三）圆形地下罐式油库容器

圆形地下罐式油库容器主要用于储存小量的石油产品，通常是润滑油或其他特殊用途的石油产品。这种容器通常是由钢制或塑料材料制成，形状为圆形，设置在地下。圆形地下罐式油库容器的优点在于其可以节省场地空间，同时也能够保持储存的石油产品在恒定温度下，避免了石油产品遇到高温或者低温环境对其影响。

（四）方形地下罐式油库容器

方形地下罐式油库容器与圆形地下罐式油库容器类似，只是形状不同。它通常被用于商业或工业领域，以供应加油站、航空加油设备等需要大量储存石油产品的场合。这种容器通常是由钢制材料制成，形状为长方形或方形，安装在地下。

（五）直立式储罐

直立式储罐通常是用于存储石油、化学品或其他危险品。它由钢板制成，有大量的储油能力。这种容器可以分为不同类型，在存储不同种类的化学品时也需要采取相应的防腐措施。

（六）隔膜罐

隔膜罐是一种特殊类型的储油设备，是由两个罐体组成，中间由防腐膜隔开。隔膜罐主要用于储存润滑油、柴油等成品油，具有高度的安全性和环保性。隔膜罐可以安装在地面上或地下，同时还可以进行集成式设计与生产。

（七）固定式矩形容器

固定式矩形容器通常由钢制或铝制材料制成，适用于水、油和其他流体的储存。这种容器具有储存量大、结构稳定等优点，同时还可以根据需求订制大小、尺寸等特点。

（八）液态储罐

液态储罐与其他储油设备不同，它主要用于储存低温液体，如天然气、液化石油气等。这种容器一般由高强度钢板或双层玻璃钢材料制成，保持液态状态需要在罐体内部维持较低的压力和极低的温度。液态储罐通常安装在地面上或地下，比较适用于工业领域中对液态产品的储存和加工。

以上是常见的油库容器种类及其用途，根据实际情况选择合适的储油设备对于确保石油产品的安全性和有效利用具有重要的作用。储油设备在使用时也需要进行日常的检查和维护，以确保其符合安全标准并延长使用年限。

二、油库容器的选型与设计

（一）油库容器选型与设计的重要性

1.符合安全标准

选择适当的油库容器，并按照标准进行设计和制造，可以保证油库系统的安全性。在设计过程中，需要考虑到油品种类、储油时间、罐体材料等因素，使得油库容器对于不同类型的石油产品都能够提供可靠的储存承载。

2.保证储运效率

选用适当的储存设备还可以提高油库的效率。一般来说，大型的油库容器更适合用于长期储存和储运大量的石油产品。同时，选型和设计合适的容器还能降低储存费用，如采用防腐技术有效延长储存时间，减少维修次数、降低维修成本等。

3.环保节能

在设计和制造油库容器时，应考虑到环保问题和能源消耗问题。选用合适的材料制造油库容器可以降低能源消耗、提高油品保温和保鲜效果，同时还需对储存容器采取防漏、防爆等安全措施，确保其环保性能。

（二）油库容器选型与设计的方法

1.根据石油产品种类和用途进行选择

不同类型的石油产品具有不同的化学成分、密度、黏度等特点。在进行储存之前，需要根据其物理和化学特性来选择不同种类的油库容器，以确保其储存质量和安全性。

2.根据规格和容积大小进行选择

油库容器的规格和容积大小是基于储存和使用需求来确定的。通常情况下，需要考虑容器尺寸、重量、耐久性、材料等要素，选择合适大小的设备以适应实际生产需求。

3.选择符合安全要求的材料

油库容器的材料直接影响到其安全性和使用寿命。在选型和设计中，需要考虑油品的化学性质、重量、容积、储运时间等多方面因素，选择匹配的材料。常见的储油材料包括钢板、不锈钢、铝合金、玻璃钢等。

4.考虑环保要求

在进行油库容器选型和设计时,也需要注意环保问题。需要考虑到油品可能对环境、人员造成的影响,选择合适的防漏技术、防腐措施等安全措施确保设备的环保性能。

5.进行工程设计和制造

选定油库容器后,还需要进行工程设计和制造。这个过程需要涵盖多方面内容,如结构设计、材料选择、施工承载验算等。设计和制造的整个过程应按照工艺规范、国家标准和行业法律法规要求进行。

6.进行检测验收

在完成油库容器的制造和安装之后,还需要进行检测验收以确保设备的质量和安全性。检测验收包括外观检查、容器尺寸检查、材料检查、密封检查等多个环节,以确保油库容器能够符合设计和制造标准,并满足国家法律法规的要求。

油库容器选型与设计是储存石油产品的重要环节。通过正确的选型和设计,可以保证油品质量和安全性,提高储运效率,降低成本,同时还可节约能源、环保节能。在进行油库容器选型和设计时,需要考虑到油品种类、规格和容积大小、材料、环保要求等因素,并按照工艺规范和国家标准进行制造和施工,最终进行严格的检测验收,确保油库容器的符合安全标准,从而为实现油库高效、安全、环保、节能提供有力支撑。

三、油库容器的材料与制造标准

油库容器作为储存石油产品的关键设备,其材料和制造标准对于油库的运营效率、油品质量和安全性都至关重要。

(一)常用的储油材料

1.钢板

钢板是最常用的储油材料之一。它具有优良的可加工性,是一种坚固、耐用、成本低廉的材料。但是,在钢板进行储存时,需要采取防锈、防腐等措施,并且还需要考虑其在高温条件下易生锈的问题。此外,钢板可能会受到地震等外力的影响而发生变形或破裂,因此在使用时需考虑承载能力问题,以保证安全性。

2.不锈钢

不锈钢也是常用的储油材料之一。与钢板相比，不锈钢的防腐性能更好，同时还具有高强度、高温抗氧化性、尺寸稳定性等特点。此外，不锈钢的制造成本较高，一般适用于小型储油设备，如快速加油站等。但是，不锈钢的材料成本更高，因此在选择时需要根据实际需求进行选择。

3.铝合金

铝合金也是常用的储油材料之一。与其他材料相比，铝合金具有重量轻、耐腐蚀、导热性好等特点。这使得铝合金适用于室外储存设备，如旅游车、船只等。但是，铝合金受到外力影响时易产生变形，因此在设计和制造时需要注意承载能力问题。

4.玻璃钢

玻璃钢是一种由玻璃纤维和树脂混合而成的材料，具有重量轻、耐火、抗渗透、耐腐蚀等特点。玻璃钢的强度和刚度优异，因此广泛应用于储罐、管道等领域中。但是，玻璃钢的工艺复杂，材料成本较高，并且在使用过程中可能存在老化、龟裂等现象，因此需要仔细考虑其使用场景和操作维护。

（二）油库容器的制造标准

1.国际标准

国际标准化组织（ISO）颁布的 ISO 9013 标准规定了钢板的制造、安装和测试要求，以确保设备的质量和安全性。ISO 3834-2 对于焊接过程进行规范化管理，ISO 8501 和 ISO 12944-5 则对于不同类型的涂层进行了规范。

2.美国标准

美国石油协会（API）制定了一系列的标准来规范油库容器的制造。例如，API 620 和 API 650 分别适用于焊接和铆接式储罐的设计和制造。此外，还有 ASME 标准如 ASME BPVC Section VIII Division 1，UG-116 中规定了钢板制造、材料选择、施工技术等知识点。

3.中国标准

国家市场监督管理总局和中国国家标准化管理委员会颁布了一系列有关油

库容器制造的标准，如《储罐设计规范》《储罐制造与安装技术规程》《储罐防腐技术规程》等。这些标准包括了油库容器的设计、材料选择、施工技术、质量控制和安全测试等方面的内容，旨在规范油库容器制造和维护，提高设备的安全性和可靠性。

4.行业标准

除了国际、美国、中国的标准，一些行业也出台了自己的油库容器制造标准。例如，欧洲化学工业委员会（CEFIC）推荐使用 WMO 标准，该标准适用于各种类型的液态石油产品的储存和消费。通过这些行业标准，可以进一步规范油库容器制造和维护流程，促进行业健康发展。

良好的制造标准是确保油库容器质量和安全性的必要条件。选用合适的储存材料和严格遵守相应的制造标准，能够最大限度地保证油库容器的运行效率、油品质量和安全性。在进行油库容器选型和设计时，需要充分考虑实际需求，选择合适的储存设备和材料，并按照相应的国家或行业标准严格执行，以确保油库容器在使用过程中具有高效性、安全性和环保性。

四、油库容器的安全运行和维护管理

油库容器是石油储存和运输的关键设备，其安全运行和维护管理对于保障储油质量、降低事故风险至关重要。

（一）油库容器的安全运行

1.设计标准

油库容器的设计应按照国家以及行业标准进行，并在制造前经过严格的审批和验收。设计人员需要考虑到油品种类、储存时间、环境因素以及防泄漏、防爆等安全性问题，保证设备具有足够的强度和稳定性。

2.检测验收

完成油库容器的制造和安装后需要进行完整的检测验收工作，确保其符合相关的技术标准并能够保证运行安全性。检测内容包括容器外观检查、尺寸检查、密封性检验等，还需进行压力试验和泄漏检查。

3.定期检修

油库容器的定期检修是保证设备安全运行的必要条件之一。检修内容包括润滑系统、防腐蚀涂层、法兰连接、焊接线路、系统仪表等方面，发现问题及时解决问题。

4.操作规程

明确的操作规程可有效减少人为因素对安全运行带来的不利影响。操作人员应具备正确的操作技能，严格遵守标准化操作规程，并在日常维护、检修和事故处理中发挥重要作用。

5.环境安全保护

油库容器环境安全保护是指确保设备在使用过程中不会对环境造成影响，例如防泄漏、防污染、防爆炸等措施。同时，还需对周边环境进行合理规划和管理，降低因设备泄漏等事故对环境带来的损失。

（二）油库容器的维护管理

1.设立维护管理部门

油库容器的维护管理应由专职部门负责，该部门需要拥有专业技术和必要工具设备。维护管理人员应定期对设备进行检查和维护，及时消除各种隐患并记录维护情况。

2.定期检修

油库容器的定期检修是保证设备安全运行的必要条件之一。检修周期根据储油量、油品种类以及环境条件等因素决定，应建立完善的检修计划并按时执行。

3.环境安全保护

油库容器的维护管理还需要关注设备周边环境的安全问题，包括防止泄漏、污染和爆炸等措施。同时，也需对周边环境进行合理规划和管理，降低设备事故对环境带来的影响。

4.做好记录

维护人员应对设备进行详细的维护记录，并按规定分类存档，以便日后查询。记录内容包括检修项目和结果、维护时间和地点、使用寿命等信息。

5.健全培训机制

油库容器的维护管理离不开专业技术和工作经验,因此需要建立健全的培训机制。维护管理人员应定期接受相关培训,掌握最新的技术和知识,提高工作效率和质量。

油库容器是储存石油产品的重要设备,其安全运行和维护管理对于促进石油产业健康发展和保障国家能源安全至关重要。为确保设备安全性,油库容器的设计、制造、运行、维护中都需要严格遵守国家标准和行业规范,并建立科学完整的管理体系。只有通过严谨的操作、及时的维修以及防范措施等一系列安全措施,才能确保油库容器的安全运转和稳定生产。

五、油库容器的监测与检查

（一）油库容器监测

1.容量监测

油库容器在使用过程中需要定期监测其容量情况,包括测量储罐液位、重量和体积等指标。通过实时监测油罐容量,可以及时制定调度计划,减少储油损耗和滞留时间。

2.压力监测

油库容器的压力监测是确保设备安全运行的必要条件。通过对油罐内部气压的监测,可以及时发现设备泄漏、压力异常等问题,并及时采取相应的防范措施。

3.泄漏监测

油库容器泄漏监测是预防污染和事故的关键措施。通过监控泄漏情况,可以及时发现设备损坏、防腐层破损等问题,并采取相应的预警和维修措施。

（二）油库容器检查

1.运行状态检查

油库容器包括储罐、管道、阀门、仪表等部件,在日常运行中需要定期对其进行检查,确保设备处于正常工作状态。具体内容包括壳体完整性、密封性、液位高度、压力、温度等数据的检测,以及对可能存在问题的区域进行观察。

2.防腐层检查

防腐层是保护油罐表面免受外部腐蚀的重要保护层，因此需要定期对其进行检查。检查内容包括腐蚀程度、附着牢固度、划痕、裂缝、涂层起皮等情况，如有问题需及时处理。

3.泄漏检查

泄漏是导致事故发生和环境污染的主要原因之一，因此需要对油库容器进行定期泄漏检查。检测方法包括红外线扫描、气体分析、胶囊式检测等方法。如发现泄漏，应及时关闭阀门或进行紧急修理。

4.附属设备检查

油库容器的附属设备包括管道、仪表、阀门等，它们对设备的安全运行和维护管理都有着重要作用。因此，在日常检查中也需要对这些设备进行检查，对于发现的问题及时处理。

5.环境检查

油库容器的使用可能对周边环境产生影响,因此也需要进行定期环境检查。包括水质、土壤污染情况、空气质量等方面的监测。

油库容器的监测与检查是保障储存石油产品的安全性和质量的基础工作，也是保障设备稳定运行和维护管理的必要条件。在进行监测与检查中，需要严格遵循国家标准和行业规范，并使用专业的检测设备和仪器，以保证监控数据的准确性和有效性。同时，还需要制定完善的检查计划和方案，定期对设备进行监测和检查，并及时处理问题，为设备的长期稳定运行和安全生产提供强有力的保障。

第三节　油库管道的安全管理

一、油库管道的种类与功能

（一）油库管道种类

1.输油管道

输油管道是将油库内的储存油品通过管道输送到其他地点或加工厂。按照不同的输送方式和输送介质，输油管道可以分为地下管道、地面管道和海上管道等。

2.回流管道

回流管道是将处理过的油品返回到油库的管道，主要应用于化工生产和精制过程中。回流管道主要包括反洗管、抽回管和液位控制管等。

3.排水管道

排水管道主要用于排放油罐和管道内积聚的水分和杂质等废物，避免对设备和环境造成污染和损害。排水管道还可以用于清洗设备和管道，以保证其正常运行。

4.空气管道

空气管道主要用于保持油罐和管道内部的压力平衡，防止油罐变形和爆炸。空气管道还可以用于检测泄漏，便于及时采取处理措施。

5.泄漏探测管道

泄漏探测管道主要用于检测油罐和管道泄漏情况，它们通过监测管道内部压力、负压、流速等参数来判断是否发生泄漏。这种管道通常应用在长距离输送管道或复杂地形的环境下。

（二）油库管道功能

1.储存与输送油品

油库管道是储存和输送油品的重要设备，主要用于将石化产品从一处运送到另外一处，如引进原油、输送成品油等。

2.保持管道压力平衡

油库管道需要对管道内部的压力进行平衡调整，以避免设备变形和爆炸，保证设备的安全运行。

3.反洗清洗

反洗管道用于清洗和反洗过滤器，以恢复过滤能力和清除固体颗粒物。排水管道则用于清洗设备和管道，以保证其正常运行和减少污染。

4.检测泄漏

泄漏探测管道是对油库管道泄漏情况的检测和监测，以尽早发现泄漏并及时采取措施，减少对环境和设备的影响。

5.控制流量和液位

管道中安装有阀门和液位控制器等设备，能够对流量和液位进行控制，以保证油品的稳定输送和储存。

在石油储运系统中，油库管道是储存和输送油产品的重要设备，其种类和功能多种多样。为了确保管道的安全运行和维护管理，需要遵守相关标准，对管道进行定期检查和维护，并建立科学完整的管理体系。只有通过严谨的操作、及时的维修和事故处理等一系列安全措施，才能确保油库管道的正常工作和稳定运行。

二、油库管道的选型与设计

油库管道是石化行业中非常重要的输送设备，其选型与设计对于石油储运和安全生产至关重要。正确的选型和设计方案可以提高管道运行效率、保证油品质量和生产安全性，同时也能降低潜在风险和成本。

（一）油库管道的选型

1.材料选择

油库管道主要用于输送易燃、易爆、高温、高压等石化产品，其安全性和稳定性需要保证。在材料选择上需要考虑温度、压力、腐蚀、耐久性等因素，如碳钢、不锈钢、铜合金、聚乙烯、聚氨酯等。

2.直径选择

直径对于管道的流量和压力都有着很大的影响。在进行管道直径选择时需要考虑石油品种、输送距离、液体性质和生产数量等多方面因素，从而确定合适的管道直径。

3.壁厚选择

壁厚是指管道壁的厚度，对于管道的长期稳定运行和安全性很重要。在壁厚选择上需要考虑石油品种、运输距离、管道直径等因素，制定合适的壁厚计算与选择方案。

4.管道连接

管道连接是保障管道连接端安全密封和稳定运行的关键。在进行管道连接时需要考虑材料、连接方式、密封性等因素，并进行严格的检测和测试，以确保管道连接的质量和可靠性。

（二）油库管道的设计

1.负荷分析

负荷分析是管道设计的一个重要工作，它主要是根据储存石油产品的容器体积、输送距离、流量、压力、温度等参数，计算出合适的管道直径、壁厚和材料等。

2.断面设计与优化

断面设计是针对不同管道的流量、压力、液体性质等特点，选取最佳的管道截面形状和大小，使其具有足够的承载能力和流量传输能力。

3.抗震设计

抗震设计是针对地震、风灾等异常情况下对管道的影响程度进行评估和计算，从而确定管道布置方案和防震措施，以减少受灾损失和降低事故风险。

4.操作维护设计

操作维护设计主要考虑的是在日常运行中，对管道进行检修和维护的方便程度。例如，在管道设计中需要设置人孔、排水口、检查井等设施，以提供给操作人员更加便捷的检修和维护。

油库管道的选型和设计是保证石油储运系统安全性和稳定性的关键环节。在选材、直径选择、壁厚选择、管道连接等方面需要进行科学、实用、可靠的考虑；在负荷分析、断面设计、抗震设计、操作维护设计等方面也需要一步一步地进行有计划、有序的工作。同时，油库管道运输过程中还需要注意质量控制和安全保障，例如通过采用流量计、温度计、压力计等精密仪器来实现在线监测，及时发现问题并进行处理；通过建立一套完善的应急预案和安全管理体系，加强安全培训和技能提升，有效降低事故风险。

在设计油库管道时，还需要考虑节能和环保因素。例如，在管道设计中可以采用阻力小的直通式加热方式，降低能源消耗和二氧化碳排放，并适时开展管道清洗和防腐涂装等工作，延长管道使用寿命和维护周期。

总之，油库管道的选型与设计是一个复杂而又重要的工作，需要进行全面、系统的考虑和分析。只有科学合理地进行选材、确定直径、选择壁厚、连接管道以及进行负荷分析、设计断面、抗震、操作维护等方面的工作，才能够确保油库管道的稳定运行和安全生产，为石油储运行业做出更大的贡献。

三、油库管道的安装与施工

油库管道的安装与施工是油库建设中至关重要的一环，它直接影响到油品输送的可靠性和安全性。下面将详细介绍油库管道的安装与施工过程。

（一）准备工作

在进行油库管道的安装与施工之前，需要进行充分的准备工作，具体如下。

（1）施工图纸的编制：根据油库的布置和设计要求，编制出详细的管道施工图纸，标明管道的位置、走向、材质、规格等。

（2）材料采购：根据管道施工图纸，确定所需的管道材料，并进行采购。管道材料应符合相关标准，并经过质量检验合格。

（3）施工人员的培训和安全意识的宣传：对施工人员进行必要的培训，提高他们的安全意识和技术水平，确保施工过程的安全和质量。

（4）施工现场的安排：确定施工现场，并进行规划和布置，确保施工人员的安全和顺利施工。

（二）管道安装与施工步骤

（1）土建准备：首先，要进行基础的土建准备工作，包括挖掘沟槽、清理垃圾、平整地面等。沟槽应按照设计要求进行开挖，确保管道的稳固和沟槽的排水畅通。

（2）管道敷设：根据施工图纸和设计要求，进行管道的敷设。敷设时需注意以下几点。

①确定管道的走向和坡度，确保油品可以顺利流动。

②选择合适的接头和连接材料，确保连接的严密性和稳固性。接头的选择要符合相关标准，并经过质量检验。

③对敷设的管道进行测量和检查，确保尺寸和位置的准确性和合理性。严禁使用已损坏或受到冲击的管道。

（3）管道焊接：若管道采用焊接连接，则需进行管道的焊接工作。焊接前需要进行焊工的资质审查和焊接设备的检查，并确保焊缝的质量和强度。焊接过程中要注意保护焊工的安全，使用防护设备，防止焊接火花引发火灾。

（4）管道验收：在管道施工完成后，需对管道进行验收。验收标准应符合相关规范和标准要求。验收内容包括管道的尺寸、位置、焊缝质量、工艺和防腐等方面的检查。验收合格后，进行相应的记录和归档。

（5）测试和清洗：在管道完成安装后，需要进行测试和清洗。测试可以采用水压试验或气压试验，以确保管道的承压能力和密封性。清洗可以采用水冲洗或气吹洗，以清除管道内的杂质和污物。

（6）防腐处理：对已安装的管道进行防腐处理，以提高管道的耐腐蚀能力和使用寿命。防腐处理可以采用涂覆或包裹等方式，选择合适的防腐材料和防腐工艺。

（7）管道维护：管道安装完成后，应进行定期的维护和检修工作，包括管道的油漆保养、防腐层修补、阀门和管件的检修等。维护工作要按照工作程序和规范要求进行，确保管道的正常运行。

油库管道的安装与施工是油库建设中关键的一环。在进行安装与施工之前，需要进行充分的准备工作，包括施工图纸编制、材料采购、施工人员的培训和安全意识的宣传、施工现场的安排等。安装与施工步骤包括土建准备、管道敷设、管道焊接、管道验收、测试和清洗、防腐处理、管道维护等。在整个施工过程中，要注重质量控制和安全管理，确保油库管道的安全运行和环保要求的满足。同时，还需符合相关法律法规和标准要求，确保油库管道的施工与国家安全生产标准和环保要求相一致。

四、油库管道的材料与制造标准

油库管道的安装与施工是炼油和化工行业中非常重要的一项工作，主要涉及管道布局设计、材料准备、现场勘察、管道敷设、支架安装以及防渗处理等多个方面。

（一）管道布局设计

在进行油库管道的安装与施工之前，需要进行合理的管道布局设计。这包括确定管道线路、长度和接口位置，选择适当的材质和规格，以及制定出符合相关标准的施工方案。

（二）材料准备

对于油库管道的安装与施工而言，充分准备相关材料是非常关键的一个环节。这包括管道、接头、阀门、管件等，需要根据实际需求选择合适的规格和材质，并按照规范要求进行验收。

（三）现场勘测

在开始进行油库管道的敷设之前，需要进行现场勘测。这包括了解地形地貌、土质水位等各类情况，以便有针对性地选好敷设路线和隧道位置。

（四）管道敷设

敷设管道前，需对基础进行处理，同时清理敷设区域，避免影响管道施工和使用。之后，可以采用钢管焊接方式或法兰连接，对管道进行连接，最后进行支架安装。

（五）支架安装

在进行支架安装时，需选择合适的类型和数量，并根据实际情况确定合理安装位置。然后，在安装支架的过程中，需注意材料的质量和稳定性，避免管道因不牢固而造成危害。

（六）防渗处理

为了增加油库管道系统的稳定性和保障安全，应对其进行防渗处理。这包括涂抹沥青、使用注浆材料以及其他诸如防腐等处理措施。

（七）试运行与验收

完成上述工作后，可对油库管道进行试运行。试运行会验证管道的输出效果和系统的可靠性，可检查管道是否存在漏点或断裂等问题。在试运行成功后，还需要对整个管道系统进行质量验收。

总之，安装和施工油库管道是一个复杂的过程，需要经历多重环节的操作，每个环节都需要注意相关细节，遵照规范、标准操作以确保施工质量和安全。

五、油库管道的运行与维护管理

油库管道的运行与维护管理是炼化工业中非常重要的一环，它关系到油品输送的效率和安全。下面将介绍油库管道的运行与维护管理的相关知识。

（一）管道巡检

对于油库管道的运行与维护管理而言，首先需要进行日常巡检。巡检基本包括以下几个方面。

管道外表的检查：主要是通过目视观察来检查管道是否存在腐蚀、损坏、变形等问题。

管道内部的检查：主要是通过检测设备检查管道内部是否有积聚物、散件或阻塞等情况。

防渗处理的检查：对油库及输油管道等进行定期的防水涂层、防渗处理等检查。

（二）管道保养

在进行巡检的同时，还需要对油库管道进行合理保养。管道保养主要包括以下三个方面。

清洗管道：清理管道内积聚的污物、杂质等垃圾，以避免管道堵塞或污染。

修补管道：对于发现的管道损坏、裂纹、腐蚀等问题，及时进行修补处理。

更换防腐涂层：对于较早的油库管道，其涂层可能已经老化。在这种情况下，需要定期检查并更换防腐涂层。

（三）管道清理

为了保证油品输送的效率和安全性，在管道运行过程中，不可避免地会产生污垢和杂物等物质积聚。如果这些积聚的物质不得到及时的清理，就会影响管道系统的正常运行。因此，清理管道非常重要。

管道清理可以通过多种方式实现，如高压水清洗、高压水气泡清洗、机械刮板清洗等方法。根据具体情况，选择合适的清洗方式。

（四）管道润滑

为了确保传送油品无障碍、效率高、设备能进行长久使用，必须对管道进行润滑管理。润滑的方式主要包括：固体润滑、水溶液润滑和油膜润滑。

（五）安全管理

油库管道是存在爆炸危险的工业设备，所以安全管理也是管道运行与维护管理的一个重要方面。主要包括以下几个方面。

加强安全培训：对油站和输油员工进行安全教育和培训，提高安全意识和处理危险情况能力。

建立安全监测系统：建立安全监测系统，通过检测设备对管道、油罐、发电机等设备进行巡检分析，检测是否存在隐患。

定期检修维护：对于存在问题的设备，及时进行检修更换，预防事故的发生。

总之，油库管道运行与维护管理需要从管道巡视、保养、清理、润滑、安全五个方面入手，不断完善管道运行与维护管理的各个环节，以确保油品输送安全稳定。同时，还应不断更新技术手段和设备，提高工作效率和安全性。只有这样，才能满足石化行业对于油品输送的要求并避免事故发生。

六、油库管道的监测与检查

油库管道监测与检查，是石化行业中保证安全、优化运营的关键一环。在现代化动态监测技术的加持下，对于管道的监测与检查可以实现在不停产的情况下进行，并且大幅提升对管道状态把控的准确性与时效性。

（一）常规检查

油库管道的正常使用需要经常进行检查以确保其连续稳定的工作。巡视人员要对管道运转情况、泄漏和物质损害进行定期检查，并采取必要的措施整修、更换、更新设备等。常规检查主要包括如下检查。

管道内部检查：通过各种检测手段来检查管道内积聚物及管壁是否存在腐蚀、变形等情况。

管道外表检查：通过目视观察检查管道是否有物理伤害，如划伤、凹陷、裂纹等。

防渗防爆检查：检查油库是否存在渗露、液相泄漏、气体泄漏等情况。

（二）无损检测

为了获得更加准确和全面的管道状态信息，无损检测成为现代油库管道监测技术的标配。通过超声波探伤、磁粉探伤、X光探伤、红外线探测等手段，对于管道的整体结构及内部孔隙情况进行测试。

超声波探伤：利用超声波在物质中传播时受到物质结构或裂缝产生反射、折射的特性来检测管道内部，如是否有空气、水、污垢等问题。

磁粉探测：适用于钢铁管道上，是通过将表示污迹的磁粉撒于管壁上，以观察磁力粉在管壁上的分布情况，从而发现管道壁强度不足的地方。

X光探测：适用于检测塑料或钢管，可直接观察管道内部结构、断点及变形等。

红外线探测：适用于非金属管道，对于一些高温敏感的材料很有效。检测结果能够清晰展现管道表层以至到其内部毛细结构的状态，从而发现管道是否存在热膨胀或者其他异常。

（三）数据监测

随着信息技术的发展，人们已经不再依赖传统检查方法来进行管道监控。采用数据监测系统，可以实时监测油库管道的状态并提供关键的数据分析，提前预警管道及其设备异常。

振动与位移监测：利用传感器来监测管道的振动和位移情况，验证管道运行状态是否稳定。

管道流量监测：通过安装流量计来实时监测油品的送入与产出量，并将该数据与之前的历史记录进行对比，以便于确定是否存在潜在的泄漏隐患。

温度与压力监测：通过传感器来监测管道的温度和压力变化，及时发现管道是否存在堵塞、泄漏等问题。

数据分析：对于采集到的数据进行分析，可根据历史数据预测未来情况，并提供关键数据提示，方便管理人员及时做出调整和处理。

（四）紧急情况下的监测

在紧急情况下，如火灾、地震等，需要采取相应的措施确保油库及其设备安全。紧急情况下的监测可以通过实时监控系统、警报系统等设备来实现，即时通知操作人员并启动相关的应急计划。

油库管道监测与检查对于保障石化行业的安全生产和经济运营至关重要，必须得到高度重视，传统巡检方法已不能很好地满足需求，无损检测、数据监测技术是现代化的主流。通过科学技术，我们能够更加精准、快速、稳定地获得油库管道的实时状态信息，降低事故风险，保证油品输送的安全稳定。

第四节　油库其他设备的安全管理

一、油库泵站设备的安全管理

油库泵站设备是一个石化行业中非常重要的组成部分，其主要作用是输送和储存各种类型的石油产品。为了确保油库泵站设备在使用过程中能够安全稳定地运行，必须加强对该设备的安全管理工作。

（一）设备日常检查

油库泵站设备的日常检查是保证设备安全运行的基础。为此，需要建立完善的安全管理制度，并要求操作人员按照规定进行设备巡检。在巡检过程中，需要关注以下几个方面。

管道的外观及连接处是否存在问题，如裂纹、腐蚀或松动等。

设备的液位、温度和压力等参数是否在正常范围内。

设备的输送及停止运行是否正常，运转是否平稳。

设备的动力系统、控制系统等是否正常工作。

（二）安全防护

为了确保油库泵站设备的安全运行，在设备上应设置相应的安全防护措施，防止意外事故的发生。主要包括以下几点。

防火：安装防火设备，如防火墙、自动灭火器等，以保护设备免于火灾的侵袭。

防爆：在泵房内应安装爆炸压力释放装置、气体探测器等防爆设备，避免瓶颈管路或泵站其他部分出现高温火花等情况而引发爆炸。

安全间隔：为防止油品泄漏及扩散形成危险环境，泵站与储油罐必须有足够距离，建立切断连锁传动等安全机制。

（三）维护保养

油库泵站设备的维护保养对于长期稳定运行非常重要。主要包括以下两个方面。

定期检查：定期检查设备是否存在问题，如漏油、松动、裂纹和腐蚀等，及时予以处理并记录。

定期保养：保养是设备能够持续稳定运行的基础。定期更换易损件、清洗各部位，润滑及维护设备不仅可以延长设备使用寿命，更能确保设备稳定运行。

（四）操作员安全培训

为了保证油库泵站设备在使用过程中的安全稳定，操作员必须经过专业的培训，并具备相应的操作技能和知识。其主要包括以下几个方面。

设备操作规程：必须熟悉设备操作规程，严格按照规程进行操作。

安全知识：必须掌握关于安全的重要知识，并严格遵守操作规程和安全条例。

应急处理：必须掌握逃生自救方法和设备的应急处理措施，以应对突发事件。

（五）技术更新

随着科技的进步和不断的创新，油库泵站设备的技术也在不断地更新。采用新的技术可以提高设备的安全性能，使其更为稳定和高效。技术更新主要包括以下几个方面。

自动化技术：自动化技术可以减少人工干预，在紧急情况下能够启动相应的应急措施。

远程监测：通过远程监测系统，随时随地获取设备运行的实时数据，并在发生异常情况时进行处理。

智能化控制：智能化控制可以使设备的操作更加精准、稳定和高效。

总之，油库泵站设备的安全管理需要从多个方面入手，日常检查和安全防护是最基本的要求，维护保养和技术更新则是长期稳定运行的重要保证。同时，为了保障设备的安全运行，必须积极开展操作员培训，提高操作员的技能水平和安全意识。

二、油库消防设备的安全管理

油库消防设备是保障油库运营安全的重要部分。为了应对突发情况，必须加强对油库消防设备的安全管理工作，以确保该设备在使用时的有效性和稳定性。

（一）设备日常检查

油库消防设备的日常检查是保证设备安全运行的基础。为此，需要建立完善的安全管理制度，并要求操作人员按照规定进行设备巡检。在巡检过程中，需要关注以下几个方面。

管道的外观及连接处是否存在问题，如裂缝、腐蚀或松动等。

消防水池、泵房及灭火器等设备存放位置是否齐全、清晰，且不存在异物堵塞、杂草生长等情况。

设备的液位、温度和压力等参数是否在正常范围内。

设备的输送及停止运行是否正常，运转是否平稳。

（二）安全防护

防火：需要增加可燃物储存的安全间距，避免引起火灾。同时，在油库周围必须设置防火带、防火墙等设备，以防止火势向四周蔓延。

防爆：需要针对易产生静电的设备及场所设置引流接地装置，避免电气设备发生火花引起爆炸。同时，在消防泵房内应安装爆炸压力释放装置、气体探测器等防爆设备，以便在爆炸前及时采取相应措施。

安全间隔：为防止油品泄漏和扩散造成危险环境，应将消防水池、储油罐等设施与消防泵房等消防设备建立足够距离，并且实行切断连锁传动等安全机制。

（三）培训教育

要想确保消防设备的高效运行，必须提供专业的知识和技能培训，提高操作人员的安全意识和应急处理能力。主要涵盖以下几个方面。

安全知识：操作人员必须了解消防设备的使用方法、性能特点等基本知识，掌握灭火原理、灭火器具的分类和使用、紧急撤离等安全知识。

应急处理：操作人员应学习正在操作时的安全注意事项，应掌握火灾、泄漏等突发情况的现场应对方法，并确保有足够的油库消防装备和设施供使用。

实战演练：针对不同类型的实战场景，进行不同程度的消防演习，提高指挥部门协调能力和操作人员的理解和反应能力。

（四）维护保养

定期检查：每月至少进行一次巡视检查，并制定好详细的巡视标准记录，及时发现消防设备存在的问题并予以处理。

定期保养：每年至少进行一次大修，清洗消防管道、清理消防水池等设施，并进行相应的更换工作，保证消防设施的稳定运行。

维护消防设施：为确保消防设备的安全运行，需要进行定期维护。包括检查灭火器、消防栓、消防水泵等消防设施，及时发现并修复设备存在的问题，同时还要开展演习和模拟训练，以提高在实际情况下的应对能力。

（五）技术更新

随着科技的进步和不断的创新，消防设备的技术也在不断地更新。采用新的技术可以提高设备的安全性能，使其更为稳定和高效。技术更新主要包括以下几个方面。

消防监控系统：采用现代化的监控系统，能够实现设备的实时监测、管理和控制，提高消防设备的实时性与精度。

水雾灭火系统：相比传统的干粉灭火系统，水雾灭火系统具有更好的灭火效果和操作性能，并且能够在一定程度上防止二次爆炸的发生。

智能化控制：通过智能化控制技术，能够提高消防设备的自动化水平，从而更加稳定和高效地运行。

总之，油库消防设备的安全管理需要从多个方面入手，日常检查和安全防护是最基本的要求，培训教育、维护保养和技术更新则是长期稳定运行的重要保障。同时，在使用过程中，还要加强操作人员的安全意识和应急处理能力，提高消防设备的使用效率和准确性。只有这样才能够有效地预防火灾事故，并确保油库的运营安全。

三、油库气体检测设备的安全管理

油库气体检测设备是保障油库安全运营的重要部分。为了确保该设备在使用时的有效性和稳定性，必须加强对油库气体检测设备的安全管理工作。

（一）设备日常检查

油库气体检测设备的日常检查是保证设备安全运行的基础。为此，需要建立完善的安全管理制度，并要求操作人员按照规定进行设备巡检。在巡检过程中，需要关注以下几个方面。

设备本身的外观及连接处是否存在问题，如裂缝、腐蚀或松动等。

检查气体传感器是否敏感、精度是否正常，是否存在损坏或堵塞情况。

检查设备维护记录，了解维修情况及故障原因。

检查设备运行的数据记录，以便发现设备是否存在漏检、误判等问题。

（二）安全防护

防护措施：需要建立油库内部的危险物品分类，并设置专门的防护措施。针对不同种类的危险物品，采用不同的防护措施，并提供相应材料和装备来保障人身安全。

防爆：油库内部存在易燃易爆的危险气体，必须采取有效措施预防产生静电并进行防爆处理。同时，需要制定详细的操作规范，明确工作人员在使用气体检测设备时应注意的事项。

安全间隔：为避免火灾事故的发生，需要将油库周围划分为消防安全间隔区域，并在此设置专门的隔离带、围挡等措施。对于加油站等特殊油库，还可以增加消防监测点和消防水池等设施。

（三）培训教育

要想确保油库气体检测设备的高效运行，必须提供专业的知识和技能培训，提高操作人员的安全意识和应急处理能力。主要涵盖以下几个方面。

安全知识：操作人员必须了解气体检测设备的使用方法、性能特点等基本知识，掌握气体传感器的原理、分类及使用方法、紧急撤离等安全知识。

应急处理：操作人员应学习正在操作时的安全注意事项，应掌握气体泄漏等突发情况的现场应对方法，并确保有足够的油库消防装备和设施供使用。

实战演练：针对不同类型的实战场景，进行不同程度的评估和演习，提高指挥部门协调能力和操作人员的理解和反应能力。

（四）维护保养

定期检查：根据设备的使用年限和运行状况，制定相应的检查标准和时间，每季度或按需进行设备巡检，并及时做好记录。

定期保养：每年至少进行一次大修，清洗气体传感器、更换电池等重要组件，并对设备运行参数及时进行调整、校准，以确保其精度和稳定性。

设备维护：需要为气体检测设备建立完善的资料档案和日志记录，及时发现并排除设备故障，防止设备失灵或误判。

（五）技术更新

随着科技的不断更新，油库气体检测设备也在不断地升级。采用新的技术可以提高设备的安全性能，使其更为稳定和高效。技术更新主要包括以下几个方面。

智能化控制：通过智能化控制技术，能够提高气体检测设备的自动化水平，从而更加稳定和高效地运行。

信息化管理：利用互联网、数据传输等先进技术将设备在线化，实现设备监测、数据分析和信息共享，提高气体检测的准确性和及时性。

无线通信：采用无线通信技术可实现设备的远程监控和管理，并可使用App、微信等形式实现设备的实时管理，提高设备的监测及分析能力。

总之，油库气体检测设备的安全管理需要从多个方面入手。日常检查和安全防护是最基本的要求，培训教育、维护保养和技术更新则是长期稳定运行的重要保障。同时，在使用过程中，还要加强操作人员的安全意识和应急处理能力，提高气体检测设备的使用效率和准确性。只有这样才能够有效地预防火灾事故发生，并确保油库的运营安全。

四、油库防腐设备的安全管理

油库防腐设备是保障油库及管道安全的重要装置。为确保该设备的有效性和稳定性，必须加强对油库防腐设备的安全管理工作。

（一）设备日常检查

油库防腐设备的日常检查是保证设备安全运行的基础。为此，需要建立完善的安全管理制度，并要求操作人员按照规定进行设备巡检。在巡检过程中，需要关注以下几个方面。

设备本身的外观及连接处是否存在问题，如裂缝、腐蚀或松动等。

检查涂层是否存在开裂及脱落的情况，若发现问题需及时进行封堵处理。

检查设备维护记录，了解维修情况及故障原因。

检查设备运行的数据记录，以便发现设备是否存在漏检、误判等问题。

（二）安全防护

防护措施：需要建立油库内部的危险物品分类，并设置专门的防护措施。针对不同种类的危险物品，采用不同的防护措施，并提供相应材料和装备来保障人身安全。

安全间隔：为避免火灾事故的发生，需要将油库周围划分为消防安全间隔区域，并在此设置专门的隔离带、围挡等措施。对于加油站等特殊油库，还可以增加消防监测点和消防水池等设施。

防爆：油库内部存在易燃易爆的气体，必须采取有效措施预防产生静电并进行防爆处理。同时，需要制定详细的操作规范，明确工作人员在使用防腐设备时应注意的事项。

（三）培训教育

要想确保油库防腐设备的高效运行，必须提供专业的知识和技能培训，提高操作人员的安全意识和应急处理能力。主要涵盖以下几个方面。

安全知识：操作人员必须了解防腐设备的使用方法、性能特点等基本知识、掌握紧急撤离等安全知识。

应急处理：操作人员应学习正在操作时的安全注意事项，应掌握涂层开裂脱落等突发情况的现场应对方法,并确保有足够的油库消防装备和设施供使用。

实战演练：针对不同类型的实战场景，进行不同程度的评估和演习，提高指挥部门协调能力和操作人员的理解和反应能力。

（四）维护保养

定期检查：根据设备的使用年限和运行状况，制定相应的检查标准和时间，每季度或按需进行设备巡检，并及时做好记录。

定期保养：每年至少进行一次大修，清洗设备表面、涂覆防腐涂料等重要组件，并对设备运行参数及时进行调整、校准，以确保其精度和稳定性。

设备维护：需要为防腐设备建立完善的资料档案和日志记录，及时发现并排除设备故障，防止设备失灵或误判。

（五）技术更新

随着科技的不断更新，油库防腐设备也在不断地升级。采用新的材料和技术可以提高设备的安全性能，使其更为稳定和高效。技术更新主要包括以下几个方面。

现场检测：通过无损检测、超声波测试等先进技术，实现设备的实时监测及分析，预测涂层老化和变质，提高设备的监测及分析能力。

新型涂层：采用新型防腐涂层可有效节省成本，增强涂层的耐久性和抗腐蚀性，延长防腐设备的使用寿命。

智能化控制：通过智能化控制技术，能够提高设备的自动化水平，从而更加稳定和高效地运行。

总之，油库防腐设备的安全管理需要从多个方面入手。日常检查和安全防护是最基本的要求，培训教育、维护保养和技术更新则是长期稳定运行的重要保障。同时，在使用过程中，还要加强操作人员的安全意识和应急处理能力，提高防腐设备的使用效率和准确性。只有这样才能够有效地预防火灾事故发生，并确保油库及管道的运营安全。

五、油库排污设备的安全管理

油库排污设备是一种重要的环境保护装置，其作用是在油库进行加油或交换过程中，对废油和废水进行收集、处理和排放。若管理不善，很容易导致环境污染和安全事故的发生。因此，建立科学的油库排污设备安全管理制度尤为必要。

（一）设备的选型

油库排污设备的选型应根据油库的规模、产生的垃圾、污染物质等情况进行合理的选择。需要考虑到设备的性能、可靠性、安全性以及后期维护的方便性等多个方面。同时，还需要遵守国家相关法律法规和标准，选择符合法规标准的设备。

（二）设备的日常检查

日常巡查是油库排污设备安全管理的基础。运行人员应按照设备使用说明书上的要求，定期进行设备巡查，并记录设备的运行状况。在巡查过程中，应关注以下几个方面。

设备本身的外观、连接处是否存在问题，如裂缝、腐蚀或松动等。

检查设备是否有泄漏现象，如发现问题需及时处理。

检查设备维护记录，了解维修情况及故障原因。

检查设备运行的数据记录，以便发现设备是否存在漏检、误判等问题。

（三）安全防护

防护措施：需要建立油库内部的危险物品分类，并设置专门的防护措施。针对不同种类的危险物品，采用不同的防护措施，并提供相应材料和装备来保障人身安全。

安全间隔：为避免污染事故的发生，需要将油库周围划分为消防安全间隔区域，并在此设置专门的隔离带、围挡等措施。对于加油站等特殊油库，还可以增加消防监测点和消防水池等设施。

防火：油库内部存在易燃易爆的气体，必须采取有效措施预防产生静电并进行防火处理。同时，需要制定详细的操作规范，明确工作人员在使用排污设备时应注意的事项。

（四）安全培训

通过安全培训提高油库排污设备操作人员的安全意识和应急处理能力，这是确保油库排污设备的高效运行、减少安全事故发生的重要因素。培训主要内容如下。

安全知识：操作人员必须了解排污设备的使用方法、性能特点等基本知识，并掌握紧急撤离等安全知识。

应急处理：操作人员应学习正在操作时的安全注意事项，并掌握液位异常、泄漏等突发情况的现场应对方法，并确保有足够的排污设备和油库消防装备供使用。

实战演练：针对不同类型的实战场景，进行不同程度的评估和演习，提高指挥部门协调能力和操作人员的理解和反应能力。

（五）设备维护

设备的定期维护和检修对油库排污设备的安全管理十分重要。主管部门应按照规定建立完整的设备档案，明确维护保养计划、工作内容和标准，并及时发现并排除设备故障，确保设备稳定运行。具体措施如下。

定期巡查：根据设备的使用年限和运行状况，制定相应的检查标准和时间，每季度或按需进行设备巡检，并及时做好记录。

定期保养：每年至少进行一次大修，清洗设备表面、更换滤网及其他重要组件，并对设备运行参数及时进行调整、校准，以确保其精度和稳定性。

维护记录：需要为排污设备建立完善的资料档案和日志记录，及时发现并排除设备故障，防止设备失灵或误判。

（六）技术更新

随着科技的不断进步，油库排污设备更新换代也十分迅速。采用新的材料和技术可以提高设备的安全性、稳定性和效率。针对现有设备，可以考虑以下技术更新。

现场检测：通过先进的监测技术，实现设备的实时监测及分析，预测故障和变化，提高设备的监测及分析能力。

新型滤网：采用新型滤网可有效节省成本，增强滤网的耐久性和抗腐蚀性，延长排污设备的使用寿命。

智能化控制：通过智能化控制技术，能够提高设备的自动化水平，从而更加稳定和高效地运行。

在进行技术更新的同时，还需要充分了解新技术、新材料的特点和适用范围，并结合油库实际情况选择合适的更新方案。

总之，建立科学的油库排污设备安全管理制度，是防范环境污染和事故发生的重要措施。除日常检查外，还需注意安全防护、安全培训、设备维护和技术更新等方面的问题，不断完善油库排污设备的管理措施，确保油库排污设备的高效、稳定、安全运行。

第四章 油库人员安全管理

第一节 油库人员安全管理的重要性

一、油库人员安全管理的背景和意义

油库是一种储存和供应燃油或其他液态化学物质的设备。油库人员管辖着一个国家战略性重点区域,因此要求他们必须具备高度的安全意识和安全管理能力,以确保其工作过程中的安全稳定。

(一)背景

近年来,由于各种原因,如恐怖主义、技术事故等,油库的安全问题日益引起人们的关注。在这种背景下,加强油库人员安全管理就变得尤为重要。油库人员安全管理不仅可以有效避免由于人为因素导致的安全事故,还能够保障设备的正常运转和维护,对于社会、环境和经济都具有重要意义。

(二)意义

1.保障生命安全

油库是存放液态化学物质的地方,其处理和使用极易引发事故,因此需要高度的安全意识和管理水平,以保障人员的生命安全。加强油库人员安全管理,能够有效降低事故发生的概率,减少对人员生命安全的威胁。

2.保障环境安全

油库是储存燃料和化学物质的地方,若设备出现故障或管理不善,就会对周围环境造成严重影响。因此,加强油库人员安全管理,能够有效控制液态化学物质泄露和污染等环境问题,确保环境安全。

3.保障经济安全

油库作为战略性重点区域,其正常运转和维护对于经济具有重要意义。若

发生事故将会对国家的经济发展造成巨大影响。加强油库人员安全管理，可以有效降低事故发生的风险，确保油库正常工作和发挥其功能，从而保障国家的经济安全。

（三）油库人员安全管理

1.安全意识

油库操作人员需要具备高度的安全意识，以免在工作中因疏忽失误引起事故。油库管辖的物质通常为易爆易燃物质，操作过程中必须要时刻谨慎，严格按照安全操作规程执行。此外，还需要对操作人员进行安全教育和培训，提高他们的安全意识和安全管理能力。

2.设备维护

油库设备的日常维护和检修对于保障其正常运转具有重要作用。如果设备出现故障或损坏，将会对设施及周围环境造成不必要的危害。因此，保养和检修工作需要定期进行，并记录下来以供参考。在维护过程中，还应注意维护工人的安全和劳动保护。

3.应急处理

油库操作中不可避免地存在着各种突发事件，例如火灾、泄漏等。针对这些情况，油库人员需要制定好相应的应急预案，分析研究可能出现的问题，并切实应对。同时，在紧急情况下，需要在第一时间进行疏散和救助等相关应急措施。

4.安全培训

通过对油库人员进行安全培训，提高他们的安全意识和操作技能，可以有效避免因为人为因素导致的安全事故。

（1）危险辨识：让工作人员了解油库中可能存在的危险因素，如易燃易爆物品、高温高压条件等，并掌握正确的防护方法等知识。

（2）应急处理：让工作人员了解应急预案及其实施细节，以便在发生突发事件时能够迅速反应并做出正确的决策。

（3）安全操作规程：让工作人员了解油库的安全操作规程，理解其中的每一个细节，并能够准确地执行规程。

（4）基础知识：让工作人员了解油库的基本原理、设备和管线的结构、各种液态化学物质的特性等相关基础知识。

5.管理制度

油库人员安全管理需要建立完善的管理制度。制度内容如下。

（1）责任：明确各级人员的职责范围及管理层次，保证油库内外安全工作全面覆盖。

（2）流程：制定详细完整的操作规程和应急预案流程，对操作过程和应急情况进行严格管理。

（3）监控：建立油库设备实时监控系统，检测设备运行状态和环境风险因素等，以便做出更好的管理和决策。

（4）评估：建立事故风险评估机制，对于可能存在风险的情况进行预先评估并采取相应的防护措施。

总之，油库人员安全管理的重要性不言而喻。为了保证油库设备的正常运转和维护、保障人员、环境和经济的安全稳定，需要加强油库人员安全意识、加强设备维护和检修、培训安全专业人员、制定安全管理制度等多方面的措施，在未来的生产中为我们提供更加安全可靠的服务。

二、油库人员安全管理的目标和原则

油库人员安全管理旨在通过合理的组织和管理方法，保障油库人员的生命财产安全，防止事故的发生并减少安全事故对社会造成的危害。油库人员安全管理的目标是为了确保油库设施的正常运行，避免因安全事故而影响石油产品的储存、输送和使用。同时，还能有效地保护环境，实现安全生产，提高工作效率。

（一）目标

（1）保障油库人员的生命安全。油库人员安全管理的最终目标是保护油库人员的生命安全。只有保证油库人员的生命安全才能维持油库生产的正常进行。在任何情况下，都要将油库人员的生命安全放在首位，采取有效措施防止各种安全事故的发生。

（2）保障油库设施运行的稳定性。油库设施是一项非常重要的基础设施，其运行的稳定性直接关系到油品的储存和供应。因此，油库人员安全管理的目标也包括保障油库设施运行的稳定性。只有保证油库设施的正常运行，才能够确保石油产品的储存和供应。

（3）防止环境污染。油库设施中存有大量的石油产品，若发生泄漏或其他安全事故，就会给环境带来污染。油库人员应该采取有效措施，防止泄漏等事故发生，避免对环境造成危害。只有保护环境，才能更好地维护社会的可持续发展。

（4）提高安全生产水平。油库人员应不断地学习和提高自己的安全意识，积极参加各种安全培训，以提高自身的安全技能和知识水平。同时，还应该通过技术改进、管理创新等方式，不断提高安全生产水平。只有不断追求进步，才能不断提高工作效率和质量。

（二）原则

（1）安全第一。油库人员安全管理的原则是安全第一。在任何情况下，都要把保障油库人员的生命安全放在首位，确保人员不发生人员伤亡事故。做到"安全第一，生命至上"。

（2）预防为主。油库人员安全管理的原则是"预防为主"。通过建立完善的安全管理体系，制定科学合理的安全规章制度，开展全面的安全检查和隐患排查等工作，及时发现和消除隐患。只有在平时的工作中加强安全意识，才能有效地防范事故的发生。

（3）全员参与。油库人员安全管理的原则是"全员参与"。应该让所有的油库人员都参与到安全管理中来，共同维护油库的安全环境。特别是领导要带头重视安全工作，认真贯彻执行安全政策和管理规定。

（4）综合治理。油库人员安全管理的原则是"综合治理"。综合治理是一种绿色生产方式，它可以同时解决环境污染和资源浪费问题，提高企业的整体经济效益。在油库人员安全管理中，也应该采取综合治理的方式，加强安全管理和环境保护，达到可持续发展。

（5）风险评估。油库人员安全管理的原则是"风险评估"。在进行安全管理时，应该针对不同的工作环节进行风险评估，并据此制定措施，减少事故发生的可能性。通过科学的风险评估，可以更好地了解潜在危险因素，采取相应的安全措施，从而最大限度地保障人员的生命财产安全。

（6）持续改进。油库人员安全管理的原则是"持续改进"。在实践中，需要不断开展安全培训、技能提升等工作，完善安全管理体系，推广先进的安全管理经验和技术，以不断增强油库人员的安全意识和安全能力。只有不断改进，才能适应市场需求，实现持续发展。

油库人员安全管理是一项极其重要的工作，直接关系到石油产品的储存和供应，以及环境保护和社会稳定。在工作中，应该遵循"安全第一，预防为主，全员参与，综合治理，风险评估，持续改进"的原则，力求做到事前预防、事中处置和事后评估。只有这样，才能确保油库人员的生命财产安全，提高企业的经济效益和社会责任感，并促进可持续发展。

三、油库人员安全管理的重要性和必要性

油库是一个储存各种石油产品的场所，包括原油、汽油、柴油、煤油等。由于这些产品的易燃易爆性质，油库人员安全管理变得十分重要和必要。

（一）保护人员生命安全

油库人员安全管理的最基本目标是保护人员的生命安全。油库内部存在着石油产品的加工、储存、运输等环节，这些过程都很危险。如果没有正规而严格的安全管理制度，油库人员可能会面临火灾、爆炸、中毒等危险。一旦发生事故，不仅会造成人员伤亡，还有可能引发更大规模的事故。因此，油库人员安全管理是必要的，可以有效预防和减少事故发生概率，保障人员的安全。

（二）保障财产安全

油库人员安全管理也是保障财产安全的重要手段。石油产品属于高价值物资，一旦出现泄漏或者火灾等情况就会导致财产损失。在油库内部，通过对储存、搬运等环节的严格管理，能够有效避免石油产品的损失或者泄露。实施安全管理还可以预防盗窃或者恶意破坏等事情的发生，保障油库财产的安全。

（三）维护生态环境

油库人员安全管理还能够帮助维护生态环境。一旦发生油料泄漏事件，可

能会污染周围大片土地和水源，造成严重的生态环境灾害。因此，在油库的设计和建设过程中就应注重环境保护措施。此外，油库运营过程中也要对环境影响进行监测，并及时采取措施消除潜在的危害。只有加强安全管理，才能减少石油产品在运输和处理过程中对生态环境的损害。

（四）提高企业竞争力

油库人员安全管理也是提高企业竞争力的重要因素之一。对于石油产品生产企业来说，优良的安全管理制度不仅能够保障自身的安全，还能够为企业提供竞争优势。在国际市场中，一些地区对石油产品进口的安全要求很高，如果企业能够证明自己的安全管理措施健全有效，就能够占据更大的市场份额，并提高品牌价值。

总之，油库人员安全管理的重要性和必要性无法忽视。只有加强安全管理，处理好油库内部的各种隐患与风险，才能做到人员安全、财产安全和生态环境的协调发展。

四、油库人员安全管理存在的问题和挑战

油库人员安全管理是非常重要的，因为石油及其衍生品的易燃、易爆、有毒、有害性等特点使得在油库内进行各种操作时需要高度的安全意识和践行。尽管许多油库已经实施了严格的安全管理制度，但在实际操作中，仍然存在一些问题和挑战。

（一）管理责任不明确

在一些油库中，管理责任不够明确。例如，当事故发生时，谁应该负责处理事件？这是一个关键问题，需要通过明确每个部门在安全管理体系中的职责和责任来解决。如果某个部门无法及时回应事件或者错误地处理事件，事件可能会演变成更大规模的灾难。

（二）安全意识不足

在一些工作人员中，安全意识不足。油库作为一个危险性较高的场所，必须妥善处理好各种潜在风险，并建立起一系列有效的预防措施。但是，由于一些工作人员缺乏安全意识，他们可能忽略了某些重要的安全措施，或者在执行

操作时存在一定的安全隐患。这可能会导致事故发生,危害到人员财产和环境。

（三）设备和工艺技术滞后

一些油库的设备和工艺技术已经过时或者不符合标准。这可能会增加安全隐患,进而影响油库内部的正常运营。例如,老旧的设备如果没有得到及时维护和保养,很容易出现故障或者泄漏,从而引发火灾、爆炸等事件。此外,缺乏先进的工艺技术也会限制油库的安全性能。

（四）应急预案不够完善

在一些油库中,应急预案不够完善,没有做好应对各种风险和事故的准备。当事故发生时,如果缺乏有效的应急预案,可能会导致事件变得更加严重。因此,油库必须建立起完善的应急预案,并通过实践演练来提高应对突发事件的能力。

（五）监管不到位

油库人员安全管理还面临着监管不到位的问题。尽管国家和地方政府已经颁布了一系列监管政策和标准,但是还存在着监管不到位、不严不实的现象。部分油库为了节省成本可能会逃避一些安全措施或者利用漏洞以降低符合标准的成本。这可能会导致事故发生,从而对人员、财产和环境造成损害。

总之,油库人员安全管理仍存在一些问题和挑战。针对这些问题和挑战,必须采取一系列有效措施,加强安全管理的整体水平,并持续改进安全管理制度,确保油库人员的安全。

第二节　油库人员岗位安全责任与要求

一、油库人员岗位安全责任的基本要求

油库是储存石油和相关产品的重要地点,因此需要在内部建立和完善安全管理体系,确保员工的生命财产安全以及环境安全。在这个过程中,油库人员岗位安全责任被认为是一项非常重要的任务。

（一）了解安全防范知识

油库人员需要深入了解关于安全防范的理论知识，掌握火灾、爆炸、泄露等突发事件的预防和处理方法，并且学习其他有关安全风险的控制知识，以使其具备积极主动的安全防范意识。

（二）认真执行安全管理规定

安全管理规定是油库安全管理体系的有效基础，油库人员必须严格遵守各项规章制度，按照安全生产程序进行操作，对疏漏或错误行为及时纠正并汇报。同时应设法落实制定的企业安全标准，确保企业安全运作。

（三）持续改进安全管理制度

油库人员应当不断审查和改进安全管理制度，针对危险源特征和事故原因，应制定并优化程序。在新工艺、新设备运行前必须进行安全评估和认真的风险评估，对危险区域投入应有控制等。

（四）提高安全意识

油库人员需要充分了解危险源的特点和性质，并且及时学习新的安全管理技术和预防措施。通过开展相关安全培训，加强安全常识普及以及发挥职工团队作用，增强员工的安全意识，确保他们具备高度的安全防范意识，能够及时发现和处理安全隐患。

（五）做好日常巡检和异常处理

油库人员应该经常对危险源进行巡查，及时发现、处理各种隐患，包括管道堵塞、泄漏等。同时，在发生突发事件时，油库人员需要立即启动应急预案并处理事件，避免造成致命损失。

（六）建立安全档案

为了追溯油库安全管理情况及历史记录，需要建立完备的安全档案，包括日常工作的记录、常规检查表、故障维修记录等。多年来，这些档案的记录可以成为事故事件中解决责任的依据。

（七）遵守职业道德

油库人员应秉持诚实、守信、尊重生命、法律法规等职业道德，以忠于职守、确保财产安全及责任制度缜密等原则潜移默化地维护着企业，确保了自己在公司中的地位和业绩。

总之,油库人员岗位安全责任是非常重要的,因为石油及其衍生品的易燃、易爆、有毒、有害性特点,在操作过程中需要高度的安全意识和践行。在完成自己岗位职责的同时,油库人员必须始终牢记自己的安全责任,积极参与油库安全管理工作,不断提升自身安全意识和技能水平,确保员工生命安全以及油库正常运营。

二、油库人员岗位安全责任的具体内容

油库人员岗位安全责任是指油库内工作人员所承担的保证油库安全和预防意外事故的职责。全面履行岗位安全责任,是油库能否安全运营的关键因素之一。

（一）提高安全意识

提高工作人员的安全意识,是油库管理工作中至关重要的一个方面。工作人员必须深刻理解石油及其衍生品的易燃、易爆、有毒、有害等特点,始终保持高度的安全意识,从而在操作过程中时刻注意安全细节,预防危险发生。在平时的工作中,还需要定期开展安全教育、培训和演习活动,提高员工防范意识和应急处理能力。

（二）熟知安全规定与操作规程

油库内部的各项安全规定和操作规程,是保障安全的重要依据。工作人员必须认真学习和掌握相关规定和规程内容,并严格遵守,确保操作过程中完全符合相应标准。同时,还需建立安全档案和操作记录,做到有据可查。

（三）做好危险源预防和控制工作

油库内部存在着各种不同的危险源,如大型储罐、管道、泵房等。工作人员需要切实负责,认真检查每个危险源的运行状态,及时发现并排除隐患,确保危险源的正常使用。同时,在处理危险源问题过程中,要注意操作规范,避免操作失误导致事故,进一步达到预防和控制危险源发生意外事故的目的。

（四）进行日常安全巡检

定期开展日常安全装置巡检,及时了解设备运行状态,对发现的问题进行整改和修理,确保设备安全性能符合指标要求,并且在用电、起重机、金属结

构、压力容器等关键区域进行更加细致的检查。此外，还应建立安全报告管理制度，工作人员在巡检过程中对发现的异常问题及时上报，并加以妥善处理。

（五）加强应急预案建设

出现突发事件时，需要迅速启动应急预案，以便快速有效地处置危险源的问题和处理突发事件。因此，工作人员需要熟悉应急预案内容，认真执行预案，了解应急设备的使用方法，提高自我防范意识和能力，保障安全形势处置的迅速、准确，并在事后对事故进行完善的事故分析和处理。

（六）协助相关部门实施安全检查

除了建立自己的安全档案和日常安全巡查外，还需要积极支持并协助相关部门开展安全检查工作，配合检查人员的工作，尽可能地为其提供必要的信息支持和帮助。这有助于及时发现存在的安全隐患和问题，加强油库安全系统的整体管理和控制能力，为油库安全运营提供有力保障。

（七）诚信守法、遵守职业道德

作为一名油库工作人员，必须具备诚信守法、遵守职业道德的基本素质。要时刻牢记企业使命和社会责任，秉持着正直、公平、诚实等职业道德准则，严格遵守国家和公司法规，不断增强自我约束意识，确保行为符合社会伦理和法律法规的标准，并在生产活动中体现出高度的责任感和服务意识。

总之，油库人员岗位安全责任是十分重要的而且包含多个方面的内容。通过合理有效的安全管理，规范化操作程序、检查、及时维修等步骤，可以保障油库的安全运营，避免意外事故的发生，确保油库人员的健康与生命安全，同时也为油库的可持续发展提供有力保障。

三、油库人员岗位安全责任的分工和协作

油库人员岗位安全责任的分工和协作，是确保油库内部安全、保证生产过程安全性的一个重要环节。合理有效的安全分工和协作机制，可以使油库安全管理工作更加有条不紊、高效可靠。

（一）岗位安全责任的分工

油库中有很多岗位，岗位之间的职责各不相同。根据各自所处的岗位性质

和职能特点，需要将岗位安全责任进行适当的分工。

（1）管理层人员的责任：主要负责制定企业安全管理计划，并组织安全生产管理工作；同时还需要监督检查所有员工实施该方案；

（2）生产技术人员的责任：主要负责掌握技术知识，开展现场安全检查，以求消除隐患并预防可能出现的事故；同时要推行现代化生产管理思路；

（3）维修人员的责任：主要负责设备检修和维护工作，实时排除设备故障和隐患；同时需要学习相关安全维修知识，建立完善的维修记录档案；

（4）监控人员的责任：主要负责运用科学技术，监控油库储罐、管道等设施运行情况，以便及时发现危险隐患和异常状况，并及时报告相关部门。

（二）岗位安全责任的协作

岗位之间有着密不可分的联系，在工作中需要相互协作。仅凭一方力量是无法有效保障油库安全的。因此，为了确保岗位安全责任的全面落实，需要做好以下方面的协作工作。

（1）加强沟通与协调：不同职能部门之间需要定期开展交流和沟通，共同制定维护油库安全的整体计划，确定各方面的安全任务和合理的安全投入，帮助各部门贯彻执行。

（2）指导培训和教育：要加大安全知识的传播力度，通过指导、培训和教育，提高工作人员的安全素质，增强其安全防范意识和应急处理能力，使其更好地履行岗位安全责任。

（3）共建安全文化：在油库中，要不断加强安全意识的宣传和教育，培养一种安全文化氛围。在这种安全文化环境中，工作人员能够更好地理解安全文化的重要性，认识到安全生产是油库可持续发展的基础。

（4）开展应急演练：定期组织各部门开展应急演练，提高工作人员应对突发事件的能力，熟悉应急预案内容及操作步骤，达到有效防范和处置重大灾害事故的目的。

（5）研究和分享最佳实践：岗位安全责任分工到位的油库，通常会对安全管理经验进行总结和汇报，分享最佳实践，并且逐步改进和完善安全管理工作。这样，各部门可以获得更多的经验和知识，不断提高自身的安全管理能力。

以上就是油库人员岗位安全责任的分工和协作机制。在实际生产过程中，油库应该根据自身的特点和需求，制定可操作性强、便于执行的岗位安全责任计划，形成科学规范的安全管理体系，落实每个工作人员的安全岗位责任，确保油库内部的安全，同时也为油库的可持续发展提供了有力保障。

四、油库人员岗位安全责任的考核和评价

油库人员岗位安全责任的考核和评价是油库管理评价机制中的一个重要方面。通过科学、合理地进行考核和评价，能够提高工作人员对安全事故的认识和重视程度，增强他们履行岗位安全责任的意识，进而促使油库内部安全生产管理水平的不断提高。下面将详细介绍油库人员岗位安全责任的考核和评价内容。

（一）岗位安全责任考核内容

（1）安全知识掌握情况：考核各岗位人员在实际操作中掌握的安全知识是否丰富，安全意识是否到位。

（2）风险防范能力：考核工作人员在执行工作时，对危险隐患的辨别和处理能力是否足够成熟。

（3）应急处理能力：考核工作人员在油库突发事件时，应急处置能力是否得当。

（4）安全操作规范性：考核工作人员在实际操作过程中，是否按照油库安全操作规程开展操作，是否存在违规操作行为。

（5）安全设备使用情况：考核工作人员在使用安全设备和防护用品方面的情况，是否能够正确使用。

（6）安全记录整理情况：考核工作人员在安全日志、安全报告等安全记录整理方面的情况，是否具有责任心并准确无误地填写相关记录。

（7）隐患排查和整改情况：考核工作人员在日常工作中隐患排查和整改情况，是否具有敏锐的隐患识别和发现能力，并且及时进行修复和改进。

（二）岗位安全责任评价方法

（1）考核记录表法：设置针对不同岗位的安全考核记录表，对各项安全指标进行量化得分，形成客观的考核资料和数据，从而对油库内工作人员的安全管理能力进行详细分析和总结。

（2）监督检查法：生产经营部门设立专业监察机构，实行定期监督抽查，对各部门的安全工作进行现场检查和事后追踪，以确保全面检测安全操作流程是否规范。

（3）问题解决法：定期开展安全问题讨论会议，集思广益，共同研究一些特殊的安全措施或者存在的突出问题，找出原因并及时解决。

（4）效果评估法：考核和评价的最终目的在于评估工作实际效果，根据事故预防、隐患整改、安全行为等多个方面以质量保障的方式体现工作成效。根据积极的改进经验分析和分享，不断推动油库内部安全生产管理水平的提升。

（三）岗位安全责任的评价标准

（1）进行定期安全培训和教育。

（2）具备较高的安全意识，且熟知本职工作相关的安全规定和操作规程。

（3）按照安全操作规程进行生产作业，并能及时有效处置突发事件。

（4）在设备检修和维护工作中，积极发现和消除安全隐患。

（5）遵守岗位安全责任制度和规章制度，不擅自修改或违反，确保工作流程严谨、有序。

（6）禁止违法违规操作和疏于管理的行为，及时纠正既存问题并提出改进方案。

（7）主动关注油库安全措施和工作机制，为油库的安全运营提供实时有效的服务。

总之，岗位安全责任的评价标准应当围绕着安全知识、风险防范能力、应急处理能力、安全操作规范性、安全设备使用情况、安全记录整理情况以及隐患排查和整改情况等多个方面进行全方位和立体式的考核。只有全面系统地评价各项安全工作，才能够建立起完善的油库安全管理体系。

第三节 油库人员安全培训与教育措施

一、油库人员安全培训与教育的目的和重要性

油库是储存和运输石油、化工原料等物品的场所，因其特殊的生产性质，需要采取更加严格的安全措施来确保工作人员和设备的安全。安全培训和教育对于提高工作人员的安全意识和技能水平，提升油库内部安全管理水平，预防化工事故具有重要的意义。

（一）安全培训与教育的目的

促进安全文化建设：通过系统的安全培训和教育活动，向工作人员灌输安全意识，使他们认识到安全带来的利益和重要性，并形成一种安全文化氛围。

提高工作人员安全意识：针对性地开展安全尤其是火灾、爆炸、中毒等高发事故培训，增强工作人员对石油化工行业较易发生的事故风险的认识。

增强应急处置能力：通过实地演习及模拟突发事件的处理过程等方式的进行培训，提升工作人员在事故现场的应急处置能力。

建立安全体制：通过供应商、客户、关键岗位人员的培训来建立对安全行为的规范化，使油库的安全管理体系更加完善。

提高工作效率和质量：工作人员在经过培训后，在生产实践中能够遵从标准程序开展工作，从而提升工作效率和工作质量。

（二）安全培训与教育的重要性

预防事故发生：通过安全培训和教育，让工作人员消除安全隐患和风险，提高对事故发生的警觉性，有效预防意外伤害的发生。

保障生产运营：提高工作人员的安全意识、技能和紧急处置能力，可以确保生产设备正常运作，生产计划正常执行，并进一步保障了整个油库系统的稳定运行。

提升安全管理水平：通过安全培训和教育，工作人员将掌握不断提高的安全知识，增强自己的责任心，能够更好地履行岗位安全责任，进而提升油库内

部的安全管理水平。

促进员工成长：安全培训和教育不仅可以提高工作人员的安全意识和技能，同时也为员工个人发展提供了一个宝贵的机会，为其职业晋升打下基础。

增强油库的竞争力：具有完善安全体系的油库，能够吸引更多的企业合作伙伴和客户，从而带来更多的经济利益。

总之，油库人员安全培训和教育是油库安全管理的重要环节。只有通过科学、系统、全面的安全培训和教育活动，提高工作人员的安全意识、技能和紧急处置能力，才能确保油库内部的安全生产。同时，在为工作人员提供培训和教育的过程中，也应充分调动其主动参与的积极性，体现出相互学习、相互促进的互动模式，形成持续不断的安全文化建设机制。

二、油库人员安全培训与教育的内容和方法

油库安全是非常重要的，需要采取更加严格的安全措施来保障工作人员和设备的安全。而安全培训和教育是提升油库人员安全意识和技能水平，预防化工事故发生的重要手段。

（一）安全培训与教育的内容

基本安全知识：包括安全标志、安全规章制度、安全区域等基本概念。

消防知识：包括油库火灾的成因和应急处理方式，介绍消防器材的使用方法，并进行消防演习。

危险品运输知识：包括危险品的分类、运输方式、装卸要求以及相应应急措施等。

环境保护知识：包括对污染类型的分类、环保法律法规、环保政策，如何预防、处理可能会造成环境污染的事件或事故等。

事故现场处置技能：包括现场安全评估、急救和动态分析能力、应急响应、救援等。

（二）安全培训与教育的方法

实地考察：向工作人员介绍油库设备、危险品存储区，进行实地考察并指导工作人员如何检查、维护和保护油库。

讲解课程：通过授课形式，为工作人员灌输油库安全方面的知识。

现场演示：模拟突发事件，演示油库卫星监控、报警系统，应急处置流程等，使工作人员能够在紧急情况下快速反应，并处理事故现场。

案例分析：对历史上发生过的重大意外事件进行分析，以帮助工作人员了解事故原因及预防措施。

交互式授课：将培训过程变成一个交互式的过程，鼓励工作人员提出疑问、分享经验和交流想法，以促进知识传递和沟通。

总之，对于油库人员来说，安全培训与教育是非常必要的。在实施安全培训与教育时，应该因地制宜、有的放矢。通过不同形式的安全培训与教育，工作人员能够掌握更多的安全知识和技能，提高应对紧急情况的能力，在岗位上充分发挥自己的作用。同时，也可以帮助管理层建立健全的安全文化和制度，提升油库管理的水平，为确保安全生产和增强企业的竞争力提供了有效的手段。

三、油库人员安全培训与教育的周期和计划

作为危险品存储和加工的场所，油库安全必须放在首要位置。为了保障员工、设备和环境的安全，油库管理员需要制定合理的安全培训与教育计划，对工作人员进行持续、全面的安全培训和教育。

（一）安全培训与教育的周期

定期培训：针对职业风险较大的岗位（如油罐区、营销前线、QC、HSSE等），应定期进行基础、中级和高级的安全培训，建立持续的培训机制，不断提高员工的安全意识和技能水平。

新员工培训：针对新招聘的员工，应组织入职前培训和安全知识考核，确保其熟知油库安全规章制度，并具有必要的安全防护技能。

应急演习：根据油库情况不断开展应急演习，突出安全检查和防范，强化现场应急处置专项技能。

专项培训：关于新装置、新工艺或新增危险品种类的操作人员，应开展相应的专项安全培训和教育。

（二）安全培训与教育的计划

制订年度安全教育计划：按照油库自身情况，制订年度安全教育计划，并明确每个月的安全教育内容、形式和时间，确保教学质量和效果。

安排合适的人员进行教学：考虑到不同年龄、职位等方面的差异，应该选择合适的人员进行安全知识的传授。一般来说，可以选择负责安全工作的 HSSE 员工、安全管理员、专业师资等进行教学。

建立学习档案：为了方便员工随时查询学习记录和成绩，应该建立规范的学习档案，并及时更新和完善数据。

不断完善教育体系：根据实际需要和反馈，不断完善教育体系，引进先进的安全教育理念和技术手段，提高安全教育的科学性和实效性。

总之，安全教育是油库安全保障的重要手段，需要制定合理的安全培训与教育计划。为了达到良好的效果，应该考虑教学周期和计划，并不断完善教育体系，提高员工的安全意识和技能水平。同时，应及时更新学习档案，并根据实际情况采取相应措施，以确保安全知识得以有效传递和应用。

四、油库人员安全培训与教育的效果评估与改进

安全培训与教育对于保障油库员工、设备和环境的安全具有重要意义，但仅仅进行安全教育是不够的，还需要对安全培训和教育的效果进行评估和改进，以确保安全教育在实际工作中真正发挥作用。

（一）安全培训与教育的效果评估

员工满意度调查：通过员工满意度调查了解员工对安全培训的反馈和建议，收集员工对安全培训、教育计划及讲师授课水平等方面的评价，帮助针对性地改进安全教育。

安全生产数据分析：通过数据分析来评估安全生产状况，把安全故障率、事故率和损失率等指标纳入考核范畴，比较安全培训前后的差异和变化，防止类似安全事故再次发生。

现场观摩评审：由安全管理员和相关专家组成评审团，对安全培训的现场展示进行评估，通过观察、提问和提供反馈，以评价员工对安全培训和教育知

识、技能掌握情况。

（二）安全培训与教育的改进

跟进和反馈：根据员工的反馈和问题，及时调整教学方式和方法，不断完善教育体系，针对性地开展安全培训。

制定具体的改进措施：分析员工意见和建议，制定策略性的改进措施或者更改原有计划。

员工参与计划制定：与员工互动交流，听取他们的意见及建议。员工参与能使得改进计划更加具体化、可行化，并且得到员工明确的认同和支持。

持续监测和更新：安全培训是一个长期不断的过程，所以要随时跟踪教学成果，及时调整并优化安全教育内容和形式，随着油库自身发展情况而适时进行改进。

总之，对于油库人员安全培训与教育来说，对其效果进行评估和改进是非常必要的。通过员工反馈、数据分析和现场观察等方法，对安全教育的效果进行评估，从而及时调整安全教育计划，并开展有针对性的改进措施，以不断提高油库人员的安全意识和技能水平，确保油库实现"安全生产、零事故"的目标。

第四节　油库人员的危险品防护和安全操作

一、油库人员危险品防护的基本原则和要求

作为危险品存储和加工的场所，油库人员应该掌握危险品防护的基本原则和要求，以提高安全意识和技能水平，避免危险事故的发生。

（一）基本原则

安全第一：危险品操作时必须把安全放在首位，严格按照操作程序进行操作。

预防为主：通过科学的安全管理体系，预先发现和排除潜在安全风险，构建完善的预警机制，从根本上消除安全隐患。

合理配置：合理配置设备和资源，使之符合国家规定的法律法规和行业标准，减少危险品运输和操作的不确定性。

环保节能：注重环保和节能，减少或者消除污染物排放，降低能源开支，同时提高油库的经济效益。

（二）要求

熟知危险品属性：油库人员必须清楚了解危险品的物理、化学、毒理等特性，掌握其危害和运输、存储、操作等方面的规定要求。

采用科学的防护措施：工作人员必须穿戴符合安全标准的个人防护装备，如安全帽、防护服、护目镜、手套等，确保身体安全。同时，必须落实物理隔离、化学隔离、防爆技术、安全设备和应急救援等防范措施，尽量降低事故发生风险。

及时清理和处理事故：当危险品泄漏或者发生火灾爆炸等事故时，必须立即采取措施进行紧急处置和救援，限制事故扩大，并及时检查、评估损失情况，以避免同类事故再次发生。

组织专业培训和教育：油库管理单位必须制定有关危险品安全管理计划和相关管理规程，组织员工进行相应的危险品安全知识和技能的培训和教育，加强员工安全意识建设，提高危险品操作的质量和安全性。

油库人员的危险品防护必须遵循安全第一、预防为主、合理配置和环保节能等基本原则，掌握危险品的属性特点和相关规定要求。同时，在操作中采用科学的防护措施，及时清理和处理事故，并组织专业培训和教育，提高员工安全意识和技能水平，以确保油库危险品操作过程的安全性和可持续发展。

二、油库人员危险品防护的具体措施和方法

油库人员危险品防护的具体措施和方法主要包括以下几个方面。

（1）安全教育和培训：油库人员需要接受专业的安全教育和培训，了解危险品的性质、特点、储存和处理方法等知识。教育和培训内容应包括危险品的分类和标识、安全操作规程、应急措施等。

（2）穿戴个人防护装备：油库人员在工作时应穿戴适当的个人防护装备，以减少对危险品的直接接触和伤害。常用的个人防护装备包括防火服、防毒面具、安全帽、防滑鞋、耳塞、防护手套等。

（3）使用标识与警示：油库内部应设置明显的危险品标识和警示标志，提醒人员注意危险品存在。这些标识和标志应包括化学品容器上的警示符号、颜色和标签，以便人员能够迅速识别和理解危险品的性质和风险。

（4）严格执行操作规程：油库人员在操作危险品时必须严格遵守操作规程。操作规程包括安全操作步骤、操作流程、紧急情况处理等内容。人员应掌握正确的操作方法，使用正确的工具和设备，并按照规程指引进行操作，避免因操作不当导致事故发生。

（5）定期维护设备：油库内的储存和处理设备需要定期检查和维护，确保其正常运行和安全可靠。通过定期的设备检查、维修、更换等工作，可以及时发现和排除可能存在的隐患，减少事故的发生概率。

（6）储存与管理：油库内的危险品需要根据其特性进行分类储存，并采取相应的管理措施。例如，易燃物品应存放在防火间隔中，有毒品应单独存放并标明特殊警示，互不相容的危险品应分开存放，避免相互接触和发生意外反应。

（7）防火措施：油库内应设置有效的防火设施，如灭火器、消防栓等。同时，油库人员需要掌握基本的消防知识和技能，了解灭火器的种类和使用方法，以便在发生火灾时能够及时采取正确的灭火措施。

（8）应急救援准备：油库人员应接受相关的应急救援培训，了解危险品泄漏、事故或其他紧急情况下的应对措施。他们需要熟悉应急预案，知道如何报警、疏散人员、提供初步的急救措施等。

（9）定期演练和评估：油库人员应定期进行应急演练，模拟各种危险情况，检验应急预案的有效性和人员应对能力。同时还需定期评估工作。

三、油库人员安全操作规程和操作手册的编制与应用

油库是一个涉及危险品的工作环境，为了保证人员的安全和减少事故发生的风险，编制并应用适当的安全操作规程和操作手册非常重要。下面将详细介绍油库人员安全操作规程和操作手册的编制与应用。

（一）编制安全操作规程和操作手册的目的

明确操作流程：通过编制安全操作规程和操作手册，可以明确工作中各项

操作的流程和步骤，使油库人员能够按照标准程序进行工作，避免因操作不当而引发事故。

规范操作行为：操作规程和操作手册可以规范油库人员的操作行为，明确要求他们在工作中必须遵守的规定，包括个人防护装备的佩戴、设备的正确使用、化学品的储存和处理等方面。

强化安全意识：编制安全操作规程和操作手册可以提高油库人员的安全意识，让他们更加重视安全工作，始终将安全放在第一位，有效地预防事故的发生。

提供应急指导：操作规程和操作手册还需要包含应急处理的指导，即在事故发生时，提供相应的紧急处理措施指南，使油库人员能够迅速、有效地应对突发情况。

（二）编制安全操作规程和操作手册的步骤

调研与分析：在编制安全操作规程和操作手册之前，需要对油库的工作环境进行调研与分析。了解油库的工艺流程、储存设备、危险品种类和特性等信息，以评估潜在的风险和安全隐患。

制定标准程序：根据调研与分析的结果，在制定安全操作规程和操作手册时，需要制定标准的操作程序。确定每个操作步骤，并确保每个步骤都能确保人员的安全和设备正常运行。

定义相关术语：为避免理解上的歧义，需要定义相关的术语和词汇。清晰明确地定义这些术语，可以帮助油库人员更好地理解和执行操作规程。

编写详细内容：根据制定的标准程序和定义的术语，编写安全操作规程和操作手册的详细内容。涉及的内容包括但不限于工作责任、操作流程、安全防护要求、事故应急处理等方面。

审核与修订：完成初稿后，需要进行审核和修订。可以邀请相关专业人员、经验丰富的操作人员参与审核工作，确保编写的规程和手册准确无误，并符合实际情况。

培训与传达：一旦安全操作规程和操作手册完成审定，需要对油库人员进行培训并将其传达给所有工作人员。培训中应重点强调操作规程的重要性及正确使用操作手册的方法，确保每个人都能理解并遵守安全操作规范。

管理与更新：安全操作规程和操作手册需要得到有效管理和定期更新。在日常工作中，应有专门负责的人负责规程和手册的管理，确保其及时更新并与实际操作相符。同时，也要建立反馈机制，鼓励油库人员提出改进建议，并将这些建议纳入规程和手册的修订中。

（三）安全操作规程和操作手册的应用

工作前准备：在进行任何操作之前，油库人员应仔细阅读相关的安全操作规程和操作手册，了解操作的具体步骤和注意事项。

操作执行：油库人员在执行工作时必须按照规程和手册中的要求进行操作。包括个人防护装备的佩戴、设备的正确使用、危险品的存储和处理等方面。

应急处理：当发生突发情况或事故时，油库人员应根据规程和手册中的应急指导进行处理。及时有效地采取应急措施，保障人员安全和减少事故影响。

定期培训与复习：油库人员应定期接受相关的培训和复习，以巩固安全操作规程和操作手册的内容。通过培训和复习，不断提升操作技能和安全意识。

反馈与改进：油库人员应积极参与规程和手册的使用，并及时反馈意见和建议。这些反馈将有助于规程和手册的不断改进和完善。

安全操作规程和操作手册的编制和应用是确保油库人员安全的重要措施。只有通过有效地编制、培训和应用，才能规范油库工作流程，提升人员安全意识，减少事故发生的概率，并始终保持高度的安全性。

四、油库人员危险品事故应急处置和报告的流程和要求

油库是危险品的储存和处理场所，事故隐患存在着一定的风险。为了保障人员的生命安全和财产安全，及时有效地应对危险品事故是非常重要的。下面将详细介绍油库人员危险品事故应急处置和报告的流程和要求。

（一）危险品事故应急处置流程

发现事故：油库人员在工作中发现危险品事故时，需要立即停止当前操作，并确保自身安全。

报警通知：紧急情况下，油库人员应第一时间拨打紧急报警电话，通知有关部门或机构，如消防队、应急救援中心等，并提供准确的事故信息和地址。

疏散人员：根据事故性质和严重程度，采取必要的疏散措施，指导人员尽快撤离到安全区域，并确保所有人员的人身安全。

封锁隔离：针对事故现场，采取相应的封锁和隔离措施，防止事故扩大蔓延，并确保外部人员远离事故区域。

应急处置：根据事故的具体情况，采取相应的应急处置措施，包括火灾扑救、泄漏物处理、化学品中和、紧急排放等。应急处置必须由经过专业培训和合格的人员进行，遵循安全操作规程。

抢救伤员：如有人员受伤，需要立即进行抢救，并及时送往医院进行进一步治疗。

事故调查：待事故得到控制后，需展开事故调查工作，找出事故原因和责任，并提出改进建议，以防止类似事故再次发生。

（二）危险品事故报告要求

及时上报：事故发生后，油库人员应立即向上级领导或相关部门上报事故情况，确保信息传递及时、准确。

完整详细：报告内容应该完整详细，包括事故发生时间、地点、性质、损失情况、人员伤亡情况、应急措施等，并提供现场照片、视频等证据材料。

清晰准确：报告应使用简明扼要的语言，确保信息清晰准确，避免产生歧义或误解。

报告对象：报告对象包括上级领导、安全管理部门、相关监管部门等。同时，也需要将报告内容及时通知和传达给事故涉及的相关人员。

审核与备案：相关部门会对事故报告进行审核，并进行备案记录。对于重大事故，可能需要进行进一步的调查和评估。

事后总结：在事故报告完成后，应进行事后总结，分析事故发生的原因和教训，制定改进措施，以提高油库的安全管理水平。

（三）注意事项

安全优先：在危险品事故应急处置和报告过程中，安全始终是第一位的原则。油库人员必须时刻关注自身的安全，并采取必要的防护措施。

熟悉程序：油库人员应事先熟悉危险品事故应急处置和报告的程序和要求，

在紧急情况下能够迅速准确地行动。

合理使用资源：在应急处置过程中，应合理利用现有的应急资源，最大限度地避免事故进一步扩大或产生二次灾害。

协同配合：事故应急处置需要各个部门的协同配合，油库人员应积极与相关单位合作，共同应对事故。

报告及时性：危险品事故报告要求及时上报，任何延误或隐瞒都可能给救援和调查带来不必要的困难和风险。

经验总结：及时总结事故原因和处理经验，并根据总结结果进行改进，以提升事故应急处置的效率和质量。

危险品事故应急处置和报告的流程和要求对于保障油库人员的安全至关重要。油库人员应具备相关的应急知识和技能，严格按照规程执行，做好事故应急处置工作，并及时报告事故情况。只有通过规范的流程和要求，才能最大限度地减少事故损失，保护人员生命安全和环境安全。

第五章　油库应急管理与事故预防

第一节　油库应急管理的意义和目标

一、油库应急管理的意义

油库是危险品的储存和处理场所，涉及大量的易燃、易爆等高危物质。为了确保人员的生命安全、财产安全和环境安全，在油库中建立有效的应急管理体系至关重要。下面将详细介绍油库应急管理的意义。

（一）保障人员的生命安全

油库作为危险品的储存和处理场所，存在着各种潜在的安全风险。发生火灾、泄漏、爆炸等事故可能导致严重的人员伤亡。通过建立完善的应急管理体系，能够提前预防事故的发生，加强安全设施设备的管理和维护，培训人员掌握应对突发情况的技能，提高应急响应的能力，从而最大限度地保障人员的生命安全。

（二）保护财产和环境安全

油库内储存的危险品价值巨大，一旦发生事故，不仅会造成财产损失，还可能对周边环境造成污染和破坏。良好的应急管理可以通过规范操作流程、设备维护、灭火系统的建设等措施，降低事故发生的概率，并能够在事故发生时迅速采取应急措施，减少财产损失，并尽量避免对环境造成二次污染。

（三）提高油库运营效率

油库应急管理的重要目标之一是最大限度地减少事故对油库正常运营的影响。通过合理制定应急预案和应急操作程序，以及加强培训和演练，可以使油库人员在事故发生时快速、有序地进行处置，缩短事故处理时间，减少停产时间，提高运营效率。

（四）保障社会稳定和形象

油库作为关系到国家经济安全和社会稳定的重要基础设施之一，其安全运营直接关系到社会秩序和公众安全感。良好的应急管理体系和高效的应急响应能力，不仅可以确保油库自身的安全，也能够增强公众对油库的信任和认可，维护社会的稳定和和谐。

（五）符合法律法规和政策要求

各国对于危险品储存场所都有严格的安全法律法规和政策要求。油库应急管理是符合这些要求的重要环节。通过建立完善的应急管理体系，能够保证油库的合法运行，并满足相关法律法规和政策的要求。

总之，油库应急管理的意义非常重大。它不仅能够保障人员的生命安全、财产安全和环境安全，还能提高油库运营效率，保障社会稳定和油库的形象，同时也是符合法律法规和政策要求的必要措施。因此，油库应急管理是一项具有重要意义的工作。

二、油库应急管理的目标

油库应急管理的目标是通过制定和执行应急预案，提前做好安全防备工作，确保在发生突发事件时能够迅速、有效地应对和处理，减少事故对人员生命财产的损失，维护社会的稳定和安全。具体来说，油库应急管理的目标主要包括以下几个方面。

保障人员生命安全：作为储存大量易燃易爆物品的场所，油库安全事故一旦发生，将会对人员的生命安全带来巨大威胁。因此，油库应急管理的首要目标是保障员工和周围居民的生命安全。通过建立应急预案，配备必要的救援设备和装备，组织定期的应急演练和培训，使员工能够在发生事故时快速、准确地应对，做到人员撤离有序、安全迅速。

保护财产和环境：油库事故不仅对人员生命安全构成威胁，同时也会对油库财产和环境造成巨大损害。因此，油库应急管理的目标之一是保护财产和环境。通过建立严格的安全管理制度，加强巡检，及时发现和处理安全隐患，做好防范措施，避免事故发生或减少事故的损失，确保财产和环境的安全。

快速响应和处置：油库应急管理的目标还包括快速响应和处置突发事件。通过建立科学合理的应急预案，明确责任分工和工作流程，确保能在事故发生后快速启动应急响应机制。同时，应急管理还需要能够及时收集和分析事故信息，做出正确决策，并采取相应的措施进行事故的处置和控制，最大限度地减少事故对人员生命和财产造成的伤害。

不断提高应急能力：油库应急管理的目标之一是提高应急能力。应急能力是指油库在处理突发事件时的技术、设备、组织和管理等方面的能力。通过定期的应急演练和培训，提高员工和管理人员的应急处置能力，让他们能够熟悉应急预案，掌握应急技能，提高应变能力和应变速度，保障应急工作的高效进行。

合规运营与社会责任：油库应急管理的目标之一是确保符合法规要求，履行企业社会责任。应急管理是油库的法定责任，需要遵守国家的相关法规和管理规定，制定相应的应急预案。同时，油库还应积极参与社区建设和环保工作，组织开展应急知识宣传和安全教育活动，提高社会公众的安全意识，为社会安全稳定做出贡献。

总之，油库应急管理的目标是保障人员生命安全，保护财产与环境，实现快速响应和处置，提高应急能力，并履行法规要求与社会责任。通过科学制定和有效执行应急预案，能够降低油库事故的发生率和危害程度，保障油库的安全稳定运行，维护社会的安宁和稳定。

第二节 油库应急预案的制定和实施

一、应急预案的概念和作用

应急预案是为了在突发事件或事故发生时能够迅速、有效地做出反应和处置而制定的一套具体行动方案。它是针对不同类型的突发事件，根据特定的应急情况和需求，根据科学合理的原则和方法，制定的一系列组织管理措施和行动步骤的总称。下面将详细介绍应急预案的概念和作用。

（一）应急预案的概念

应急预案是指在突发事件或事故发生时，为了实现组织、指导和协调各种应急行动，以及提供必要的信息和资源保障，所编制的一套规范化的文件或工作手册。它包括了突发事件应急组织机构、职责分工、应急处置措施、资源调配、协调沟通等内容，旨在指导和规范各级机构、单位和个人在突发事件处理中的行动。

（二）应急预案的作用

指导行动：应急预案明确了不同阶段的应急行动步骤和工作流程，为突发事件处理提供了指导和依据。它规定了各级机构、单位和个人的职责分工，明确了各自的任务和行动要求，提高了应对突发事件的组织和协调能力。

提前准备：应急预案强调提前准备工作，包括加强突发事件风险评估与监测、建立健全的防护设施和装备，培训相关人员掌握应急知识和技能等。通过提前做好准备工作，可以减少突发事件的发生概率，同时提高应对突发事件的应急反应速度和效果。

组织协调：应急预案明确了各级机构、单位和个人在突发事件中的协调关系和沟通渠道，使各方能够迅速形成一个高效的整体应急工作机制。它规定了信息收集、传递和共享的方式，促进快速信息交流，实现资源的有效调配和协同作战。

资源保障：应急预案涉及了突发事件应急处置所需的各种资源，如人员、物资、设备、经费等。它明确了资源采购、储备和配置的原则和方法，以保障应急响应能力和处置效果。

学习总结：应急预案还包括了突发事件后的事故调查和教训总结，通过对事故原因和处理过程进行分析，提炼出教训和经验，加强预案的修订和完善，进一步提高应急管理水平。

总之，应急预案是为了在突发事件或事故发生时能够迅速、有效地做出反应和处置而制定的一套具体行动方案。它具有指导行动、提前准备、组织协调、资源保障和学习总结等作用，能够提高应急响应能力和处置效果，最大限度地降低灾害风险和损失。

二、油库应急预案的制定原则

油库应急预案的制定原则是为了在突发事件或事故发生时，能够迅速、有效地做出反应和处置，最大限度地减少人员伤亡及财产损失，并保护环境安全。下面将详细介绍油库应急预案的制定原则。

（一）科学性原则

油库应急预案的制定需要基于科学的方法和理论。首先需要进行风险评估和分析，全面了解油库存在的潜在风险和可能发生的突发事件类型。通过科学研究和技术支持，确定合理的应急措施和处置策略，提高预案的可操作性和实效性。

（二）全面性原则

油库应急预案要全面考虑各种可能的突发事件和应对措施。不同类型的突发事件可能引发不同的危害和影响，预案需要覆盖火灾、泄漏、爆炸等各类事故，涵盖从预警、逃生疏散到资源调配、处置措施等整个应急过程，确保能够应对多样化的突发事件。

（三）针对性原则

油库应急预案应根据具体的油库特点和情况进行个性化制定。不同油库的规模、设施、装备等存在差异，预案需要根据油库的实际情况制定，确保与油库的实际操作相匹配。此外，还需要根据当地法律法规和相关政策要求进行调整，确保合规性和可执行性。

（四）灵活性原则

油库应急预案应具有一定的灵活性和适应性。突发事件可能是多变的，应急预案需要能够在不同情况下灵活调整和应对，以适应不同程度和类型的突发事件。同时，还需要定期进行演练和模拟训练，检验预案的可行性和有效性，发现问题及时进行修订和完善。

（五）协同性原则

油库应急预案需要与相关单位和部门保持密切的协作与协调。油库周边的消防、环保、安监等部门都可能参与到应急处置中，预案需要明确各方的职责，建立沟通和协调机制，共同应对突发事件。此外，还需要加强与社会公众的沟通和宣传,提高公众的安全意识和应急响应能力。

(六)持续改进原则

油库应急预案的制定不是一次性的工作,需要进行持续改进和更新。在实际应急演练中发现的问题、教训以及新的科学技术成果都应反馈到预案中,进行修订和改进。同时,要关注国内外相关领域的最新应急管理政策和经验,不断提高油库应急预案的水平和适应能力。

总之,油库应急预案的制定原则包括科学性、全面性、针对性、灵活性、协同性和持续改进性。通过遵循这些原则,能够制定出科学、实用且具有指导意义的应急预案。

三、油库应急预案的内容要点

油库应急预案是为了在突发事件或事故发生时,能够迅速、有效地做出反应和处置而制定的一套具体行动方案。下面将详细介绍油库应急预案的内容要点。

(一)简介与目的

油库应急预案的开头部分通常包括对预案的背景和目的进行简要介绍,明确预案的适用范围和涵盖内容,以及保护人员安全、减少财产损失和环境污染的目标。

(二)组织架构和职责分工

油库应急预案需要明确各级机构、部门以及相关人员在应急情况下的组织架构和职责分工。例如,指挥部的设立、成员的组成和职责,各岗位人员的任务和职责分配等。此外,还需要说明与相关单位和部门的协调合作机制。

(三)风险评估与监测

油库应急预案需要对油库可能发生的突发事件进行风险评估和监测。这包括对油库内储存的油品种类、储量、存放条件、危险特性等进行全面评估,并建立监测系统,实时监测油库温度、压力、液位等关键参数。通过风险评估和监测,及早发现潜在风险,为应急处置提供准确的参考。

(四)预警与报警机制

油库应急预案需要明确预警和报警机制。这包括与相关部门的信息共享和联动机制，建立预警系统，及时获取天气状况、地质灾害、设备故障等方面的信息，并将其转化为可操作的预警信号和报警措施，以便及时采取必要的应急措施。

（五）应急响应程序

油库应急预案需要明确突发事件发生后的应急响应程序。这包括应急启动程序、紧急撤离程序、通讯与指挥程序、事故场所控制程序等。每一步的具体操作细节和责任人员都需要明确规定，以保证应急响应能够迅速、有序地进行。

（六）资源调配与支持

油库应急预案需要明确资源调配和支持措施。这包括人员、物资、设备、经费等资源的调配和使用原则，以及与外部支持单位的协调机制。此外，还需要明确储备库存、紧急采购和应急物资调配的程序和措施。

（七）事故处理和处置

油库应急预案需要明确不同类型突发事件的应急处理和处置措施。这包括火灾扑灭、泄漏防止与控制、爆炸防范和处置等具体操作步骤。对于不同级别和规模的事故，也需要进行分类处理，以及提供必要的技术指导和协助。

（八）事故调查与总结

油库应急预案需要明确事故调查和总结程序。一旦事故发生，需要迅速成立调查组，展开事故原因的调查与分析以及责任的追究。同时，预案也应包含对事故的回顾与总结，以提取经验教训并改进预案。

（九）培训与演练

油库应急预案需要明确培训和演练计划。培训计划应覆盖各级人员，包括应急指挥人员、现场工作人员等，确保他们具备必要的应急知识和技能。演练计划则涵盖不同类型和规模的演练，以验证预案的有效性，并发现潜在问题和改进空间。

（十）宣传与公众参与

油库应急预案需要考虑宣传和公众参与。这包括制定宣传计划，向周边居民和社区进行应急知识的宣传与教育，提高公众的安全意识和自救互救能力。同时，还需要建立公众参与机制，充分听取公众的意见和建议，并及时响应公众关切。

总之,油库应急预案的内容要点包括简介与目的、组织架构和职责分工、风险评估与监测、预警与报警机制、应急响应程序、资源调配与支持、事故处理和处置、事故调查与总结、培训与演练以及宣传与公众参与。通过制定完善的应急预案,能够提前做好准备,有效应对突发事件,最大限度地保护人员安全和减少损失。

四、油库应急预案的实施与演练

油库应急预案的实施与演练是确保预案能够真正发挥作用的关键环节。下面将详细介绍油库应急预案的实施与演练的重要性以及相应的方法和步骤。

(一)重要性

(1)熟悉流程:通过实施与演练,各级人员能够熟悉应急预案的流程和操作步骤,提高应急反应的效率和准确性。

(2)锻炼队伍:实施与演练可以提供一个锻炼应急队伍的机会,增强他们面对突发事件时的应变能力和团队协作能力。

(3)完善预案:通过实施与演练,可以发现预案中存在的不足之处,及时进行修订和完善,提高预案的可行性和实效性。

(4)增强信心:有效的实施与演练能够使油库工作人员对应急处理技能有更强的自信心,减少因应急情况而产生的紧张和恐慌情绪。

(二)实施与演练方法

(1)桌面推演:通过模拟操作、角色扮演等方式,在会议室内进行预案的模拟演练。参与人员可以根据实际情况,按照预案中规定的程序和步骤进行操作和协调。

(2)现场演练:选择合适的时间和场地,在油库实际现场进行应急演练。可以通过模拟突发事件的发生,组织应急队伍按照预案进行现场处置。

(3)联合演练:与其他相关单位联合进行演练,例如消防、环保、安监等部门,共同应对复杂的突发事件。通过跨部门的合作和协调,提高应急响应的整体效能。

（4）不同规模演练：根据不同规模的突发事件，分别进行小规模和大规模演练。小规模演练可针对特定类型的事故进行，大规模演练则模拟一个真实的紧急情况，全面测试应急预案的有效性。

（三）实施与演练步骤

（1）制订计划：在制订应急预案时，就要同时考虑实施与演练计划。根据预案的内容和油库的实际情况，制定详细的实施与演练计划，包括时间、地点、参与人员等。

（2）准备资源：根据实施与演练计划，准备好所需的资源和设备。包括人员、物资、设备等方面的支持，以确保演练的顺利进行。

（3）培训与指导：在演练之前，组织相关人员进行培训和指导，确保他们熟悉应急预案的内容和操作流程。可以邀请专家或相关单位进行技术指导和知识传授。

（4）现场演练：按照实施与演练计划，在预定的时间和地点进行现场演练。确保演练过程中的安全性和有效性，积极发挥各级应急指挥人员的作用，按照预案进行紧急处置和协调。

（5）评估和总结：演练结束后，进行评估和总结。通过评估演练的效果和存在的问题，及时调整和改进应急预案。同时，也要总结演练中的成功经验，为今后的实施与演练提供参考。

（四）注意事项

（1）安全第一：在实施与演练过程中，始终把安全放在首位。确保演练不会对人员和环境造成任何危险和损害。

（2）全员参与：应急预案的实施与演练需要全员参与，不仅限于应急指挥人员和现场工作人员。所有相关岗位的人员都应接受培训，并能够在突发事件发生时按照预案进行应急处理。

（3）定期更新：随着油库的发展和变化，应急预案也需要进行定期更新。确保预案中的信息和流程与实际情况相符，并与最新的法律法规相一致。

（4）多样化演练：应急预案的实施与演练应该不断创新和多样化。可以根据实际需要，进行不同类型和形式的演练，提高应急响应的适应能力和效果。

实施与演练是油库应急预案的重要环节。通过不断实施与演练，能够使预案得到有效验证和改进，同时增强应急队伍的应变能力和团队协作能力。只有在实际场景中的反复训练和模拟演练中，才能真正发挥应急预案的价值和作用，确保突发事件能够快速、准确地应对和处置。

第三节　油库事故预防与应急响应

一、油库事故预防措施

油库事故预防是保障人员安全和减少财产损失的重要任务。为了有效预防油库事故，需要采取一系列的措施来识别潜在风险并进行预防。下面将详细介绍油库事故预防的措施。

（一）风险评估和管理

（1）风险评估：通过对油库内部和周边环境进行全面的风险评估，识别潜在的危险源和风险点。包括油品储存和输送系统、设备设施的完整性、火灾和爆炸风险等方面。

（2）风险管理：制定适当的风险管理计划，采取针对性措施，降低和控制风险级别。例如，建立检修和维护制度，加强设备设施的日常维护；实施火灾防护措施，包括火灾报警系统、自动灭火系统等。

（二）安全设施与装备

（1）安全设施：确保油库内部配备必要的安全设施，如消防器材、泄漏应急处理设备、紧急停车装置等。安装和维护灭火器、消防栓、喷淋系统等消防设施，以提供紧急情况下的灭火和应急处理能力。

（2）安全装备：为油库工作人员提供适当的个人防护装备，如防爆服、安全帽、防毒面具等。确保工作人员在作业时有足够的防护措施，预防事故发生。

（三）操作规程和培训

（1）操作规程：制定详细的操作规程和标准程序，明确各种操作步骤和安全注意事项。确保操作人员按照规范进行工作，避免操作失误导致事故发生。

（2）培训与教育：为油库工作人员提供必要的培训和教育，使其了解相关安全知识和操作技能。定期进行培训，并对员工进行考核，确保他们具备必要的应急响应能力和安全意识。

（四）监测与预警

（1）油品储存和输送系统监测：采用先进的监测技术，实时监测油品储罐的液位、温度和压力等参数。及时发现异常情况，并采取相应的措施进行处理，防止事故发生。

（2）环境监测：对油库周边环境进行定期监测，包括大气、水体和土壤等方面。及时发现和处理环境污染问题，避免因环境问题引发事故。

（五）应急预案和演练

（1）应急预案：制定完善的油库应急预案，明确各级人员的职责和行动步骤。预案要包括各种可能的突发情况和应对措施，确保在事故发生时能够迅速、有效地应对。

（2）演练与培训：定期组织应急演练和培训，模拟不同类型的事故场景，提高应急响应能力和团队协作能力。演练过程中，及时总结经验教训，修正和改进预案。

（六）定期检查和维护

（1）定期检查：进行定期或不定期的安全检查，发现潜在问题并及时处理。包括设备设施的完好性、安全措施的可靠性等方面。

（2）维护保养：按照规定，对设备设施进行定期的维护保养工作，确保其正常运转和安全可靠性。

（七）安全文化建设

（1）安全意识：建立健全的安全管理制度，加强员工的安全意识培养。通过安全教育和培训活动，提高员工对安全工作的重视程度。

（2）安全责任：明确各级人员在安全方面的职责和义务，落实责任到位。同时，鼓励员工积极参与安全管理，形成全员参与的安全文化。

油库事故的发生可能会带来巨大的人员伤亡和财产损失。因此，采取一系列的预防措施至关重要。只有通过风险评估和管理、安全设施与装备、操作规程和培训、监测与预警、应急预案和演练、定期检查和维护以及安全文化建设，才能有效预防油库事故的发生，确保人员安全和油库运营的稳定性。

二、油库应急响应体系的建立

油库应急响应体系的建立是为了在突发事件发生时，能够迅速、有序、高效地做出应对和处置。下面将详细介绍油库应急响应体系的建立步骤与要点。

（一）组织架构与责任划分

（1）建立应急指挥部：设立由专业人员组成的应急指挥部，负责统一指挥、协调处置突发事件。

（2）确定责任人员：明确各级责任人员，包括指挥部主任、副主任、各部门负责人等，并明确其职责和权责范围。

（二）应急预案的编制与完善

（1）编制应急预案：根据油库的特点和风险评估结果，编制完善的应急预案。包括应急响应程序、事故处理流程、应急资源调配方案等内容。

（2）完善预案：根据实际情况和演练经验，不断修订和完善应急预案。确保预案与实际操作相符，具有可操作性。

（三）应急物资与设备的准备

（1）应急物资储备：根据预案要求，储备充足的应急物资，如灭火器材、泄漏应急处理设备、个人防护装备等。确保在突发事件发生时能够及时使用。

（2）设备维护与检修：定期对应急设备进行维护和检修，确保其正常运转和可靠性。

（四）应急培训与演练

（1）应急培训：对应急指挥部成员和相关人员进行应急培训，包括应急响应流程、指挥技巧、危险品认识等内容。提高应急响应能力和团队协作能力。

（2）定期演练：组织定期的应急演练，模拟不同类型的事故场景，测试预案的可行性和有效性。同时，加强现场人员的实战能力和应急处置能力。

（五）信息系统建设与改进

（1）建设信息系统：建立完善的油库应急信息系统，包括实时监测系统、通信系统、报警系统等。确保信息畅通和快速传输。

（2）改进信息系统：根据实践经验和技术进展，不断改进和更新信息系统，提高数据处理和分析的能力。

（六）与相关部门的合作与沟通

（1）建立合作机制：与相关政府部门、消防部门、环保部门等建立紧密的合作机制和沟通渠道。确保在事故发生时能够迅速协调资源和支持。

（2）签订合作协议：与相关部门签订应急合作协议，明确各自的职责和义务，加强协同配合。

油库应急响应体系的建立需要全面考虑各种突发事件可能出现的情况，制定相应的预案和措施。只有建立了完善的组织架构与责任划分、编制和完善应急预案、准备应急物资与设备、进行应急培训与演练、建设与改进信息系统以及与相关部门的合作与沟通，才能够确保在油库发生突发事件时能够迅速有效地做出应对和处置，最大限度地减少事故带来的人员伤亡和财产损失。同时，定期审查和评估应急响应体系的有效性和可行性，根据实际情况进行调整和改进，保持应急响应能力的高效性和适应性。

三、油库事故风险评估与监测

油库事故的风险评估与监测是保障油库安全运营和预防事故发生的重要环节。下面将详细介绍油库事故风险评估与监测的方法和要点。

（一）风险评估的方法

（1）定性分析：根据油库的类型、规模、储存容量等基本信息，结合行业标准和经验，对可能存在的危险源进行分析和判断。通过专家评审、头脑风暴等方法，确定潜在的事故风险。

（2）定量分析：基于数学模型和统计数据，对具体的风险因素进行量化评估。包括使用风险矩阵、故障树分析、事件树分析等方法，计算风险的概率和后果，并制定相应的风险管理措施。

（3）综合评估：综合定性和定量分析的结果，综合考虑不同风险因素的权重和相互关系，评估整个油库系统的风险水平。

（二）风险评估的要点

（1）涉及范围：对油库内部和周边环境进行综合考虑，包括油品储存和输送系统、设备设施的完整性、火灾和爆炸风险、环境污染等方面。同时考虑人为因素和自然灾害等外部因素对风险的影响。

（2）数据收集：搜集和整理与油库相关的数据和信息，包括历史事故记录、设备运行状况、环境监测报告等。确保评估的数据准确和全面。

（3）多因素综合评估：综合考虑不同风险因素的相互作用和影响，避免单一风险因素评估的片面性。考虑多个因素综合影响下的风险水平。

（三）风险监测的方法

（1）实时监测：利用现代化的传感器、监测设备等技术手段，实时监测油库内部的液位、温度、压力等参数。通过设立监控中心，对数据进行实时采集和分析。一旦出现异常情况，及时预警和处置。

（2）定期检查：定期对油库设备和设施进行检查和维护，确保其正常运转和安全可靠性。按照预先制定的检查计划，对油罐、输送管道、阀门等进行检查，发现潜在问题并及时处理。

（3）环境监测：定期对油库周边环境进行监测，包括大气、水体和土壤等方面。通过采样和分析，了解环境变化情况，确保环境不受污染。

（四）风险监测的要点

（1）实时性：监测数据需要实时传输和处理，以便及时发现异常情况，并采取相应的措施进行处置。

（2）可靠性：监测设备和仪器需要具备高度的可靠性和准确性，确保监测数据的准确性和可信度。

（3）数据分析：监测数据需要进行专业的分析和解读，以了解趋势变化和风险演变。通过数据分析，及时预警和采取相应的措施。

（五）风险评估与监测的重要性

（1）预防事故发生：通过风险评估和监测，可以提前识别潜在的风险点和危险源，在事故发生之前采取相应的预防措施，减少事故的发生概率。

(2) 提高安全意识：风险评估和监测的过程需要对相关人员进行培训和教育，增强其安全意识和危机意识，提高事故应对能力和反应速度。

(3) 优化资源配置：通过风险评估和监测，可以合理规划和配置应急资源，提高资源利用率和响应效率。

(4) 合规管理：风险评估和监测是符合法律法规的要求。通过建立科学完善的风险管理体系，确保油库运营符合法律法规的要求，并接受相关监管部门的检查和审查。

总之，油库事故风险评估与监测是保障油库安全运营和预防事故发生的重要手段。通过科学的风险评估和监测方法，能够提前识别潜在风险，采取相应措施预防事故，确保人员安全和油库运营的稳定性。同时，风险监测需要实时、可靠地获取数据，并进行专业的分析和解读，为决策和应对提供支持。通过风险评估与监测，可以提高油库的管理水平和应急响应能力，降低事故风险，保障油库的安全运营。

四、油库事故紧急处置与救援

油库事故的紧急处置与救援是保障人员生命安全、减少财产损失和环境污染的关键环节。在事故发生后，需要迅速、有序地进行应急响应和救援行动。下面将详细介绍油库事故紧急处置与救援的方法和要点。

（一）事故应急响应

（1）启动应急预案：根据预先编制的应急预案，迅速启动应急指挥部，组织相关人员进行处置工作。

（2）事故报告与通知：及时向相关部门和单位报告事故情况，启动应急联络机制，确保沟通畅通和资源协调。

（3）现场隔离与警戒：确保现场安全，采取措施进行现场隔离和警戒，保护周边人员和环境的安全。

（二）人员疏散与救援

（1）疏散人员：迅速组织人员疏散到安全区域，避免人员伤亡。根据应急预案指引，进行疏散途径的划分和导引。

（2）救援伤员：对受伤人员进行快速的救护和紧急治疗，确保伤员能够及时得到救援，并将严重伤员送往医院进行进一步治疗。

（3）寻找失踪人员：在事故现场进行失踪人员的搜救工作，组织人员对可能被困人员进行营救。

（三）危险源控制与扑救

（1）危险源控制：立即采取措施停止危险源的扩散和发展。关闭相关设备和设施，切断供气、供油等管线，防止事故扩大。

（2）灭火与泄漏处理：根据火灾和泄漏情况，采取相应的灭火措施和泄漏处理措施。使用适当的灭火器材和防泄漏设备，尽量减少火势和泄漏物质对环境的影响。

（四）现场指挥与协调

（1）应急指挥：由专业人员组成的应急指挥部，负责统一指挥、协调处置和救援行动。根据现场情况，制定具体的工作方案和指导原则。

（2）资源协调：与相关部门、领导和专家进行沟通和协调，调动外部救援力量和物资支持。确保所需资源得到及时的配置和调度。

（五）事故调查与善后处理

（1）事故调查：对事故原因进行深入调查和分析，确定事故责任和教训，并提出改进措施，以避免类似事故再次发生。

（2）善后处理：对事故现场进行清理和恢复工作，修复受损设备和设施，处理泄漏物质和污染物，恢复正常运营。

油库事故的紧急处置与救援需要有专业的应急指挥部和队伍，并且需要进行紧急演练和培训，提高应急响应能力和协作效率。同时，与相关部门的合作和沟通也是非常重要的，确保资源调度和信息共享的顺畅。

总之，油库事故的紧急处置与救援是保障人员生命安全和减少损失的关键环节。通过迅速启动应急预案、人员疏散与救援、危险源控制与扑救、现场指挥与协调以及事故调查与善后处理等措施，能够有效地应对事故，最大限度地减少伤亡和财产损失。因此，在油库管理中，应注重事故紧急处置与救援的规划与准备，并不断加强演练和培训，以提高应急响应水平，确保油库的安全运营。

第四节 油库事故调查与教训总结

一、油库事故调查的重要性和目的

油库事故调查是对发生的事故进行深入分析和研究的过程，旨在确定事故的原因、责任和教训，并提出改进措施，以避免类似事故再次发生。下面将详细介绍油库事故调查的重要性和目的。

（一）重要性

（1）了解事故原因：通过调查，可以全面了解事故发生的原因，包括技术、管理、人为等各个方面的因素。这有助于找出导致事故发生的主要因素，为采取相应措施提供依据。

（2）确定责任与追究：事故调查可以帮助确定相关责任和追究责任的可能性。根据调查结果，可以判断是否存在管理不善、安全规程不完善、操作失误等责任问题，从而采取相应的法律和行政措施。

（3）防止类似事故再次发生：通过调查事故，可以识别出存在的风险和隐患，提出改进建议和措施，加强安全管理，减少类似事故的发生概率。

（4）改进安全管理体系：通过事故调查，可以评估和分析现有的安全管理体系，发现存在的不足之处，并提出相应的改进措施，提高整体的安全管理水平。

（二）目的

（1）查明事故原因：调查的首要目的是查明油库事故的直接原因和根本原因。通过收集现场证据、进行技术分析和数据比对等手段，找出导致事故的具体环节和因素。

（2）确定责任与追究：调查的另一个目的是确定事故责任和相关责任人。在调查过程中，可以评估涉事人员的操作行为和安全管理措施是否符合规定，并将调查结果作为依据，进行责任的认定和追究。

（3）提取教训和改进措施：通过调查事故，可以总结经验教训，并从中得出相关的教训和启示。这些教训可以帮助改进安全管理制度，加强安全培训和意识，提供技术支持和装备更新以及提高应急响应能力。

（4）向社会公开报告：调查结果需要向社会公开披露，以增加透明度和公信力。向公众介绍事故原因和后果，阐述事故调查的过程和结果，提高公众对油库安全的关注和认识。

（5）改进安全管理体系：根据调查结果，提出改进措施和建议，加强油库的安全管理体系。这包括优化操作程序、完善应急预案、加强培训教育、改进设备设施等方面的措施。

油库事故调查的重要性在于了解事故原因、确定责任与追究、防止类似事故再次发生以及改进安全管理体系。通过调查，可以提取教训和改进措施，加强事故预防和应急能力，确保油库的安全运营和人员的生命安全。因此，在油库管理中，事故调查是非常重要的环节，应给予足够的重视和支持。

二、油库事故调查的程序和方法

油库事故调查的程序和方法是确保调查工作科学、有序进行的基础。下面将详细介绍油库事故调查的程序和方法。

（一）调查程序

（1）确定调查组：根据事故性质和规模，成立专门的调查组，由经验丰富的技术人员、管理人员和法律专家组成。确保调查组具备相关领域的专业知识和经验。

（2）收集事故信息：调查组首先要收集与事故有关的各种信息，包括现场照片、视频、记录、文档等。通过分析这些信息，可以初步了解事故发生的过程和影响范围。

（3）制订调查计划：调查组需要制定详细的调查计划，明确调查目标、范围和时间节点。计划中应包括现场勘查、证据收集、技术分析、访谈调查等环节，并分配任务给各个成员。

（4）现场勘查：调查组要进行现场勘查，对事故现场进行全面、系统地勘查。通过观察、测量、采样等方法，确定现场情况，收集有关证据，并做好现场保护和安全措施。

(5) 证据收集：调查组要进行全面的证据收集工作，包括现场物证、文书证据、人证等。通过收集并确保证据的真实性和完整性，为后续的技术分析和责任认定提供依据。

(6) 技术分析：调查组需要对收集到的证据进行分析和评估，确定事故的原因和发生机制。这涉及技术专家对设备、材料、操作等方面的评估和分析。

(7) 访谈调查：调查组要与相关人员进行访谈，了解他们的经历、见解和观点。这包括现场工作人员、管理人员、目击者等。访谈调查有助于获取更多的信息和了解事件的背景情况。

(8) 分析总结：调查组根据收集到的信息和证据，开展深入分析和研究。将现场勘查、证据收集、技术分析和访谈调查的结果进行综合，形成调查报告，阐明事故的原因、责任和教训。

(9) 提出建议与改进措施：调查报告中应提出相应的建议和改进措施，针对事故原因和存在的问题，提出预防措施和改进方案。确保类似事故不再发生，提高安全管理水平。

(10) 报告发布与跟进：调查报告应及时向有关部门和单位进行发布，并进行讨论和审议。同时，对调查报告中的建议和措施进行跟进和推动，确保整改工作得到落实。

(二) 调查方法

(1) 现场调查法：通过实地勘查和分析现场环境、设备情况等手段，获取直观的信息。包括现场摄影、测量、采样等操作，以获取客观的现场数据。

(2) 文件调查法：通过查阅相关的文件资料，包括管理记录、操作规程、维护报告、检验合格证明等，了解事故前后的管理和运营情况。

(3) 技术分析法：借助技术专家对设备、材料、工艺等方面进行评估和分析，探究事故的发生机制和原因。包括物理化学实验、数值模拟、数据比对等方法。

(4) 访谈调查法：与事故相关人员进行面对面或电话访谈，了解他们的经历、知识和意见。通过访谈获取更多信息和线索，补充证据和了解事故背景。

（5）专家咨询法：根据需要，请专业领域的专家提供专业指导和鉴定意见。借助专家的经验和知识，辅助开展调查工作，确保调查结论的科学性和可靠性。

（6）数据分析法：对收集到的大量数据进行统计分析和比对，找出规律和关联性。通过数据分析，揭示潜在的风险和问题，支持调查结论和改进措施的提出。

（7）经验借鉴法：参考类似事故的调查和研究成果，借鉴相关行业和领域的经验和教训。通过分析前人经验，加深对事故原因和处理方法的认识，减少调查工作的盲点和偏差。

（8）法律依据与司法鉴定：对于一些重大事故，可以借助法律依据进行调查，比如相关法规、标准和责任追究机制。同时，可以进行司法鉴定，通过专业评估和证据分析，支持事故调查和责任认定。

油库事故调查的程序包括确定调查组、收集信息、制订计划、现场勘查、证据收集、技术分析、访谈调查、分析总结、提出建议与改进措施以及报告发布与跟进等环节。调查方法包括现场调查法、文件调查法、技术分析法、访谈调查法、专家咨询法、数据分析法、经验借鉴法和法律依据与司法鉴定等。在进行调查时，应充分运用不同的方法，确保调查工作的科学性和全面性。

三、油库事故教训总结与改进措施的制定

油库事故的教训总结和改进措施的制定是调查工作的重要环节，目的在于从事故中吸取经验教训，改善安全管理和预防类似事故的发生。以下是关于油库事故教训总结与改进措施的制定的详细介绍。

（一）教训总结

（1）加强安全培训：事故调查应发现油库员工对操作规程和安全操作要求不够熟悉，存在技能缺乏或不合格等情况。因此，应加强针对性的安全培训，提高员工的技术水平和安全意识，确保他们具备正确的操作知识和技能。

（2）完善管理制度：事故调查可能揭示出管理制度上的不足，如安全管理规章制度不健全、责任落实不到位等问题。为了避免类似事故再次发生，应加强对管理制度的修订和完善，明确责任分工和管理程序，确保各项安全规程得

到有效执行。

（3）强化风险评估：通过调查，确定事故发生的主要原因可能是未能充分识别和评估潜在的风险。因此，在建设或运营油库时，要加强对潜在风险的评估，采取相应的措施来控制和防范风险。

（4）加强现场管理：调查可能发现现场管理不到位、操作程序不规范等问题。为了改进现场管理，应加大监督力度，确保操作人员按照标准操作程序进行工作，并加强现场安全巡检和隐患排查，及时发现和解决安全问题。

（5）提高应急响应能力：事故调查可能揭示出应急响应不及时、协调不够有效等问题。为了提高应急响应能力，应开展应急演练，加强应急预案的制定和培训，确保在事故发生时能够迅速、有效地采取应对措施。

（6）强化设备检修与维护：油库事故调查可能指出设备存在故障、维护不到位等问题。为了确保设备安全运行，需加强设备的定期检修和维护，建立完善的设备管理制度，加强对设备状态的监控和评估。

（二）改进措施

（1）完善安全管理制度：依据事故调查报告，对现有的安全管理制度进行修订和完善，明确责任部门和责任人，建立健全的安全流程和操作规程。

（2）加强员工培训：根据事故教训，加大对员工的安全培训力度，包括设备操作、应急处置、防范措施等方面的培训，提高员工的技术水平和安全意识。

（3）强化风险评估与管控：加强对油库各环节的风险评估，建立科学的风险管理体系，制定相应的风险管控措施，确保风险在可控范围内。

（4）加强现场管理与监督：建立严格的现场管理制度，包括操作程序、安全检查、隐患排查等方面，加强对现场作业人员的培训和监督，确保操作规范和安全执行。

（5）提升应急响应能力：定期组织应急演练，提高应急响应能力和协调能力，确保在事故发生时能够迅速、有效地采取适当措施，减少事故造成的损失。

（6）加强设备维护与管理：建立完善的设备维护计划和记录，定期进行设备的维护和检修，确保设备处于良好工作状态，提高设备的可靠性和安全性。

（7）强化监管和执法：加大对油库的监管力度，加强执法行动，对违规行为进行严厉处罚，形成威慑效应，推动油库安全管理水平的提升。

（8）加强信息共享与合作：建立油库事故信息交流和共享机制，促进行业间的合作，分享经验教训，共同提高油库安全管理水平。

（9）定期评估与改进：定期进行对油库安全管理的评估，及时发现和纠正存在的问题，持续改进安全管理措施，保障油库的安全运营。

（10）提高社会公众意识：开展相关的宣传教育活动，提高社会公众对油库安全的关注和认知，形成共同参与和监督的氛围，推动油库安全事故的预防和管理。

通过教训总结和改进措施的制定，可以不断提升油库的安全管理水平，减少事故的发生概率，最大限度地保护人员生命财产安全。同时，还需要重视长期监管和持续改进，确保油库的安全运营和社会稳定。

四、油库事故应急管理的持续改进

油库事故应急管理的持续改进是确保在事故发生时能够迅速、有效地采取措施，减少事故造成的损失的重要一环。以下是关于油库事故应急管理持续改进的详细介绍。

（一）建立健全应急管理体系

（1）建立完善的应急预案：制定详细的应急预案，包括应急组织机构、责任分工、应急流程、资源调配等内容，确保各项工作有条不紊地进行。

（2）定期演练与评估：定期组织应急演练，模拟各类事故场景，检验应急预案的可行性和有效性，并根据演练结果进行及时的评估和修订，以提高应急响应能力。

（3）建立信息报告与通信机制：建立快速、准确的信息报告与通信机制，确保应急指挥中心及时获取到相关信息，做出迅速决策，并与外部单位保持良好的沟通和协调。

（4）建立资源储备与支持系统：建立资源储备和支持系统，包括人员、装备、物资等方面，在事故发生后能够快速调配和投入使用，提供必要的救援和支持。

(5)建立监督检查与考核机制:建立定期的应急管理监督检查与考核机制,对各级单位的应急准备情况进行评估,发现问题并及时推动改进,确保应急管理工作的有效运行。

(二)加强应急队伍建设与培训

(1)成立专业的应急救援队伍:组建专业的应急救援队伍,包括消防人员、医疗人员、环境保护人员等,并开展相关技术培训,提高应急救援队伍的专业素养和能力。

(2)定期组织应急演练:定期组织真实性和综合性的应急演练,切实提高应急队伍成员的应急处置能力和团队协作能力,提高事故应对效果。

(3)进行知识培训与交流:定期开展应急知识培训,提高应急管理人员和从业人员的安全意识和应急响应能力,并开展经验交流活动,分享成功案例和教训。

(4)加强与外部专家协作:建立与外部专家的合作机制,定期组织专家培训和沟通会议,借鉴国内外先进经验,提高应急管理水平。

(三)完善信息化支持系统

(1)建设智能化监测系统:引入先进的监测技术和装备,建设智能化的油库监测系统,实时获取参数数据,及时发现异常情况,并进行预警和处理。

(2)建立信息共享平台:建立油库事故应急信息共享平台,将油库相关单位、政府部门、专家等连接起来,共享信息资源,提高信息的准确性和时效性,推动跨部门协同应对。

(3)强化应急通信网络的建设:加强应急通信网络的建设,包括无线通信、卫星通信等技术手段,提高应急指挥和联络的效率和可靠性。

(4)加强数据管理与分析:建立完善的数据管理系统,及时、准确地记录和存储油库相关的数据信息,利用数据分析技术进行事故预测和风险评估,为应急决策提供科学依据。

(四)加强政府监管与支持

(1)健全法律法规体系:加强对油库行业的监管,健全相关的法律法规体系，明确各方责任，规范油库的安全管理和应急准备工作。

（2）完善行业标准与规范：制定行业标准和规范，明确油库的设计、建设、运营要求，提高行业整体的安全水平。

（3）加大投入和支持力度：加大财政投入，提供必要的资金和资源支持，推动油库事故应急管理的改进和升级。

（4）加强跨部门协作与配合：加强与环保、公安、卫生等部门的沟通和协作，形成多部门联动，共同应对油库事故的应急工作。

通过不断的改进和完善，可以提高油库的应急响应能力、减少事故损失，确保油库安全稳定运营。同时，还需要加强政府的监管与支持，促进行业的健康发展，提高整个行业的安全水平。

第六章　油库安全监督与评估

第一节　油库安全监督的法律法规与标准

一、油库行业法律法规

油库行业作为涉及石油、化工等高风险行业,其安全监管涉及众多法律法规的制定与执行。以下是关于油库行业法律法规的详细介绍,以提供更全面的了解。

（一）中华人民共和国《安全生产法》

《安全生产法》是我国最基本的安全生产法律法规,对涉及安全生产的所有行业都具有普遍适用性。在油库行业中,该法规要求单位必须建立健全安全生产责任制度、安全生产标准化管理制度,并按照法定程序履行安全生产许可证、安全评价等规定,确保油库的安全运营。

（二）中华人民共和国《消防法》

《消防法》是针对火灾预防和控制的法律法规。对于油库行业来说,该法规强调油库必须设立专门的消防组织、配置足够的消防设施和器材,并进行消防设施的日常维护和演练,确保油库内部和周边环境的火灾安全。

（三）石油行业法律法规

1.中华人民共和国《石油行业条例》

该条例主要规定了石油行业的市场准入、安全生产、环境保护等方面的要求,为油库行业提供了基本的法律依据。

2.中华人民共和国《石油天然气管道条例》

该条例对石油天然气管道运输进行了规范,包括设计、施工、维护和应急管理等各个环节。

3.其他相关法规

比如《石油价格管理办法》《危险化学品安全管理条例》等，也涉及了油库行业的经营活动和安全管理。

（四）环保法律法规

1.中华人民共和国《环境保护法》

该法规对油库行业的环境影响评价、污染物排放控制等方面进行了规定，要求油库单位必须建立环境管理制度，并履行相应的环境保护责任。

2.中华人民共和国《大气污染防治法》《水污染防治法》等

这些法律法规更加具体地规定了油库行业在大气和水环境方面的保护要求，要求油库单位必须减少污染物排放、合理利用资源、开展污染防治工作。

（五）安全生产标准和规范

1.《石油管理条例》

该法规对石油仓储管理、石油运输、石油质量监督等方面进行了详细的规定。其中包括油库的建设与运营要求、石油产品和原油的质量控制标准、安全防护措施等。

2.《危险化学品安全管理条例》

该法规针对涉及危险化学品的企业和单位，包括油库行业，制定了严格的管理要求。油库在存储和使用危险化学品时必须符合相关的规定，采取相应的安全措施，保障人员和环境的安全。

3.《消防法》

油库作为火灾易发场所，必须遵守《消防法》的规定。该法规明确了油库的消防责任，并要求油库建立完善的消防组织和设备，进行定期的消防演练和安全检查。

4.《安全生产法》

这是我国最基本的安全生产法律法规,对所有涉及安全生产的行业都适用,包括油库行业。法规要求油库单位建立安全生产责任制度、加强事故预防和应急管理措施，确保油库的安全运营。

5.其他相关法规

油库行业还需遵守一系列环境保护法律法规，如《水污染防治法》、《大气污染防治法》等，以减少对环境的影响并确保资源的有效利用。

以上列举的法律法规只是油库行业中的一部分，根据实际情况和发展需求，可能还会有其他补充性的法规出台。油库企业在进行经营活动时，需要严格遵守这些法律法规，加强安全管理，确保人员和环境的安全。同时，相关管理部门也要加强监督和执法力度，确保法规的有效实施。

二、相关安全生产法律法规

（一）《中华人民共和国安全生产法》

《安全生产法》是我国安全生产领域最核心的法律法规，于 2014 年 12 月 1 日正式实施。该法对各类生产经营单位的安全生产进行了全面规范，包括制定安全生产责任制、安全生产标准化管理、事故应急救援等方面的要求。它着重强调了企业主体责任和政府监管职责，为安全生产提供了法律依据。

（二）《矿山安全法》

《矿山安全法》主要针对矿山行业的安全生产提出了规范要求，包括矿山企业的分类管理、安全生产许可证的颁发和管理、安全生产投入等方面。该法突出了对煤矿安全的特殊重视，对矿山事故的预防和处理具有重要意义。

（三）《危险化学品安全管理条例》

该条例于 2002 年实施，对危险化学品的生产、储存、运输和使用等环节进行了规范。它明确了危险化学品的分类和标识要求，要求企业建立安全管理制度、加强事故预防和应急救援工作，保护人民群众的生命财产安全。

（四）《消防法》

《消防法》主要针对火灾预防和控制进行规定，对各类单位的消防安全进行了要求。它规定了建筑物的消防设计与验收、设施设备的配置与维护、组织消防演练和培训等方面。该法为保障公共场所和生产经营单位的消防安全提供了法律保障。

（五）《安全生产重大危险源辨识管理办法》

该办法规定了对生产经营单位中的重大危险源进行辨识和管理的具体措施。它要求企业进行危险源辨识评估，确定安全风险等级，并采取相应的控制措施，确保重大危险源的安全可控。

（六）其他相关法规

此外，还有一些与安全生产密切相关的法律法规，如《建设工程安全生产管理条例》《交通运输行业安全生产管理条例》《电力安全生产管理条例》等。这些法规依据不同行业的特点和需求，对各个行业中的安全生产进行了具体规定。

以上所述仅是关于相关安全生产法律法规的一部分内容进行介绍，总体来说，我国制定的安全生产法律法规体系庞大且复杂，旨在确保各行各业的安全生产，保障人民群众的生命财产安全。各企业和单位在进行生产经营活动时必须严格遵守这些法律法规，加强安全管理。

（七）《安全生产标准化条例》

《安全生产标准化条例》是我国安全生产标准化工作的基本法规，旨在推动各行业加强安全生产管理和提升安全生产水平。该条例规定了各类企业实施安全生产标准化的要求，包括建立与国家安全生产标准相协调的内控标准体系、开展自评和外审等。

（八）《特种设备安全法》

《特种设备安全法》针对使用于单位或者个人直接关系到人身和财产安全的锅炉、压力容器、电梯、起重机械、客运索道等特种设备进行了规范。该法规定了特种设备的设计、制造、安装、改造和维修保养等环节的安全要求，加强了特种设备的监管和安全管理。

（九）《劳动合同法》

《劳动合同法》是我国劳动领域的核心法律法规之一，对促进劳动关系稳定和维护劳动者权益起到了重要作用。它规定了雇佣关系的基本原则、劳动合同的签订与履行、劳动报酬的支付等方面，保障了劳动者在工作中的安全与权益。

以上所列举的法律法规只是相关安全生产法律法规的一部分，实际上，我国还有众多法规与标准涉及不同行业和领域的安全生产。各企业和单位在开展安全生产工作时，应根据自身行业特点和需求，全面遵守相关法规，加强安全管理，确保人身和财产安全。

最后，需要注意的是法律法规是不断更新和完善的，建议大家密切关注最新的法律法规发布，以便及时调整和改进安全生产工作。同时，在实际操作过程中，也可以咨询专业的法律机构或相关部门，以获取更准确和具体的信息和指导。

三、油库安全管理标准

油库安全管理标准是为了确保油库在运营过程中达到安全、可靠和环保的要求，根据相关法律法规和行业标准所制定的一系列规范和要求。下面将详细介绍油库安全管理的各个方面，包括设计与建设、设备与设施、操作与培训、应急管理、环境保护以及监测与检查等。

（一）油库设计与建设

油库的选址必须符合法律法规和有关规定，远离居民区、易燃易爆物品堆放区等危险区域，并满足相关的安全距离要求。

油库总体布局合理，设施之间留有足够的安全通道和消防通道，便于应急救援和灭火工作的展开。

油罐和输油管道的设计、建设和使用必须符合国家和地方的建设标准，采用合适的材料和技术，并经过严格的检测和验收。

（二）设备与设施安全

油库应配备可靠的油罐、输油管道、泵站等设备和设施，确保其安全运行和耐用性。

油罐、输油管道等设施必须具备防火、防爆、防腐蚀和防静电等功能，并定期进行检查、维护和更新。

油库应配备完善的泄漏监测装置和报警系统，及时发现和处理泄漏事故，防止火灾和环境污染的发生。

（三）操作与培训

油库必须制定和执行安全操作规程，明确工作流程、责任分工和安全措施。

所有操作人员必须经过专业培训，了解油品的性质、危险特性、操作规程和应急处置程序，并获得相应岗位的操作证书。

油库应加强油品操作人员的安全意识培养，定期组织安全知识考试和技术培训，提高他们的技能水平和应急处置能力。

（四）应急管理

油库必须编制并定期修订应急预案，包括各类突发事件的应对措施、应急联系人和电话、应急物资储备等。

油库应配备应急救援设备和器材，如灭火器、泄漏防治设备以及紧急切断设施等，并定期进行检查和维护。

定期组织应急演练，测试预案的可行性和员工的应急响应能力，提高事故应对和处置的效率。

（五）环境保护与污染防控

油库必须遵守国家和地方的环境保护法律法规，采取一系列措施防止油库运营对周边环境造成的污染。

建立环境监测制度，定期监测废水、废气、废渣等的排放情况，确保油库的环境质量达到国家标准，并采取相应的处理措施。

建设油水分离设施和油品泄漏应急处置设备，预防和应对可能的油品泄漏事故，避免对土壤、地下水和水体等造成污染。

（六）监测与检查

油库应配备安全监测设备和报警系统，实时监测油罐、管道等重要设施的温度、压力、液位等指标。

定期组织对油库设施进行检查、维护和保养，及时发现和解决潜在的隐患和故障。

建立健全的记录和档案管理制度，保存相关的安全管理记录和运行数据，供监管部门和内部审核使用。

总之，油库安全管理标准涉及油库的设计、设备、操作、培训、应急管理、环境保护以及监测与检查等方面。通过严格执行这些标准，油库可以确保在运营过程中安全可靠，并最大限度地预防事故的发生。油库经营者应该密切关注和遵守相关法律法规和行业标准，并根据实际情况持续改进和完善安全管理措施，确保油库的安全性和环境友好型。

第二节　油库安全监督的体制与机构

一、油库安全主管部门与职责划分

（一）油库安全主管部门的设立

油库安全主管部门通常由政府或能源部门负责设立，负责监督和管理油库的安全运营。该部门应具备专业知识和经验，并依法履行职责，确保油库的安全性、可靠性和环保性。

（二）油库安全主管部门的职责划分

（1）制定相关法律法规：油库安全主管部门应制定与油库安全相关的法律法规，明确油库的设计、建设、运营、维护和关闭等各个阶段的要求，以确保油库的安全运营。

（2）审核和批准：该部门负责审核和批准油库的建设方案、安全管理计划、环境影响评价报告等文件，确保油库的设计和运营符合安全标准和法规要求。

（3）监督检查：油库安全主管部门应定期对油库进行监督检查，包括设备设施、消防系统、环境保护设施等方面。他们应确保油库设备的正常运行、消防系统的有效性以及环境污染的控制。

（4）事故应急处理：一旦发生事故，油库安全主管部门应立即启动应急预案，组织扑救和灾后处置工作。他们需要与相关部门协调合作，确保事故威胁最小化，并保护员工、现场和周边环境的安全。

（5）培训和宣传：为了提高油库管理人员和员工的安全意识和应急响应能力，油库安全主管部门应组织培训和宣传活动。他们可以开展安全知识培训、模拟演练和安全宣传等活动，提高人员的安全素质和应急处理能力。

（6）资料管理：油库安全主管部门应建立完善的资料管理制度，确保油库的相关资料、记录和报告得到妥善保存和归档。这些资料包括油库的设计图纸、环境监测数据、设备检修记录等，可用于事故调查、安全评估和管理决策。

（7）合作与沟通：油库安全主管部门应积极与其他相关机构合作，如消防部门、环保部门、公安机关等，共同推进油库的安全管理工作。他们需要建立有效的沟通渠道，及时交流信息，提高应对突发事件的协同能力。

（8）处罚和奖励：当发现油库存在违法行为或安全隐患时，油库安全主管部门应依法进行处罚和整改，并对重大贡献给予相应奖励和荣誉。这将起到严肃执法和鼓励安全生产的双重作用，提高油库管理的整体水平和安全意识。

总之，油库安全主管部门的职责划分包括制定相关法律法规、审核和批准、监督检查、事故应急处理、培训和宣传、资料管理、合作与沟通以及处罚和奖励等方面。通过明确部门的职责，可以确保油库的安全管理工作得到有效推进，为保障人员生命财产安全和环境保护提供坚实保障。

二、油库安全监督机构设立与职责

（一）油库安全监督机构的设立

油库安全监督机构通常由政府能源或安全监管部门负责设立，其设立目的是为了加强对油库的监督管理，确保油库安全运营。该机构应该具备专业的技术力量和丰富的经验，承担起监督油库安全的重要职责。

（二）油库安全监督机构的职责划分

（1）审核与许可：油库安全监督机构负责审核和许可油库的建设申请。他们会仔细审查油库的规划设计方案、安全管理制度、环境影响评价报告等文件，以确保油库的建设和运营符合相关法律法规的要求。

（2）监督检查：油库安全监督机构需要定期进行监督检查，以评估油库的安全状况。他们会对油库的设备设施、消防系统、环境保护设施等进行检查，确保其符合相关安全标准，并提出改进意见和建议。

（3）安全评估：油库安全监督机构负责进行油库的安全评估工作。他们会对油库的危险源、风险等级、应急预案等进行评估和分析，发现可能存在的安全隐患，并提出相应的整改措施。

（4）事故调查与处理：一旦发生油库事故，油库安全监督机构将参与事故的调查和处理工作。他们会深入了解事故原因，推动责任追究，并提出预防措施，以避免类似事故再次发生。

（5）技术指导与培训：油库安全监督机构应提供技术指导和培训，帮助油库管理人员和员工提高安全管理水平。他们会组织开展安全培训、模拟演练等活动，提升人员的安全意识和应急能力。

（6）法律执法与处罚：油库安全监督机构有权进行执法行为，对违反安全规定的油库进行处罚和整改。他们会依据相关法律法规，对违规行为进行查处，以维护油库安全的正常秩序。

（7）信息公开与宣传：油库安全监督机构应主动向社会公众公开油库的安全信息。他们会发布相关通知、警示和预警信息，提高公众对油库安全的认识和关注度，确保信息的透明和公正。

（8）与其他部门合作：油库安全监督机构需要与其他相关部门进行紧密合作，如能源部门、环保部门、消防部门等。他们可以共享信息、协同行动，共同推动油库安全管理的工作，在各自职责范围内形成合力。

（9）研究与创新：油库安全监督机构应积极开展研究与创新工作，推动油库安全管理技术的创新和应用。他们可以参与制定安全标准和规范，研究新的安全技术和设备，提出改进措施，以适应不断变化的安全需求。

（10）国际交流与合作：油库安全监督机构还可以进行国际交流与合作，学习其他国家和地区的先进经验和做法，共同应对跨国油库安全问题，加强国际的合作与共享。

通过明确油库安全监督机构的职责划分，可以有效提高油库的安全水平，保障员工生命财产安全和环境保护。同时，油库安全监督机构也要与相关部门密切合作，形成多元化的安全管理体系，全面提升油库安全监管的效能。这将为推动油库行业的可持续发展提供坚实基础。

三、油库行业协会与组织

（一）油库行业协会的设立

（1）行业协会：油库行业协会是由油库企事业单位自愿组成的非营利性社

会组织，致力于提供各类服务和支持，代表行业利益，并为会员提供相关资源和信息。协会通常由志愿者管理，并根据行业的特点和需求制定相关章程和规章制度。

（2）地方协会：在一些地方，也可能存在地方性的油库行业协会或组织，其主要负责本地区的油库行业管理和发展事务。这些协会或组织与行业协会相互配合，共同推进油库行业的进步。

（二）油库行业协会和组织的职责和作用

（1）代表行业利益：油库行业协会和组织代表油库行业的利益，在政府机构和其他相关部门进行沟通和协商，推动行业的合法权益和发展需求得到重视和支持。

（2）信息交流与共享：油库行业协会和组织通过建立信息平台、举办行业交流会议和研讨会等活动，促进会员间的信息交流和共享。他们提供行业动态、技术发展以及政策法规等方面的资讯，帮助企业了解行业趋势和变化。

（3）技术创新与标准制定：油库行业协会和组织可以组织技术专家进行技术研究和创新，推动行业技术水平的提升，并参与制定行业标准和规范，加强行业管理和安全运营。

（4）培训与教育：油库行业协会和组织可以组织培训课程、研讨会和工作坊等活动，提供相关知识和技能的培训，提升行业从业人员的专业素质和能力水平。

（5）安全监管与评估：油库行业协会和组织可以开展油库的安全监管和评估工作，为会员单位提供安全检查、风险评估等服务，帮助提高油库的安全管理水平。

（6）行业合作与交流：油库行业协会和组织可以促进不同企事业单位之间的合作，搭建合作平台，推动行业内外组织之间的交流与合作，共同解决行业面临的问题和挑战。

（7）经验分享与倡导：油库行业协会和组织可以通过举办研讨会、发布期刊等形式进行经验分享，宣传倡导先进管理理念和先进技术，引领行业发展方向。

（8）社会责任与环境保护：油库行业协会和组织可以着力推动环境保护和可持续发展，在行业内推广节能减排、资源循环利用和环境保护等方面的最佳实践，引导会员单位履行社会责任，推动绿色发展。

（9）法律法规宣传与监督：油库行业协会和组织可以积极宣传国家关于油库行业的法律法规政策，提醒会员单位遵守相关规定，并进行监督和检查，确保行业的合规运营。

（10）国际交流与合作：油库行业协会和组织还可以与国际上的同行组织建立联系和合作，促进国际的经验交流和技术合作，开拓国际市场，提高行业的竞争力和影响力。

（三）油库行业协会和组织的典型例子

（1）中国石油和化学工业联合会：该联合会是中国石油和化学工业的行业组织，涵盖了石油、天然气、炼化、煤化工等多个领域，为会员单位提供信息服务、技术支持、政策咨询、行业统计等方面的支持。

（2）地方性油库行业协会：例如某省油库协会，致力于推动该省油库行业的发展和管理，组织会员单位开展技术培训、安全评估、交流会议等活动，并与政府机构保持密切联系，共同推进油库行业的可持续发展。

（3）全国虚拟油库联盟：该组织由多个虚拟油库运营商自愿组成，致力于推动虚拟油库行业的规范和发展。他们开展研究，分享经验，促进行业内的合作和创新发展。

（4）油库设备供应商协会：这类协会聚集了油库设备供应商，致力于提供行业内设备的质量标准制定、技术支持和市场拓展等服务，推动油库设备行业的专业化和高效发展。

通过油库行业协会和组织的积极作用，可以促进油库行业的健康发展，提高油库的管理水平和安全意识，并在环境保护、科技创新、社会责任履行等方面推动行业的可持续发展。同时，协会和组织也需要不断完善自身机制，增进会员单位的参与度和获得感，为行业发展提供更精准的指导和服务。

第三节 油库安全评估与监测手段

一、定量评估方法与指标体系

油库安全评估和监测是确保油库运营安全的重要环节，它可以帮助识别潜在的风险和安全隐患，并采取相应的措施进行预防和应对。下面将介绍油库安全评估与监测的定量评估方法与指标体系。

（一）油库安全评估的定量评估方法

1.风险矩阵评估法

风险矩阵评估法是一种常用的定量评估方法，通过将事故发生可能性和事故后果两个维度进行评估，将评估结果以矩阵的形式呈现。根据不同的等级，可以制定相应的风险控制措施。该方法适用于较为复杂的油库系统，能够客观地评估各种潜在风险。

2.层次分析法（AHP）

层次分析法是一种定量化评估方法，通过构建评估指标的层次结构，确定各指标之间的权重，从而得出最终的评估结果。该方法可以考虑多个评估指标的相对重要性，较好地解决了指标权重确定的问题。通过 AHP 方法，可以对油库的各个方面进行综合评估，为风险控制和管理提供科学依据。

3.事件树分析法（ETA）

事件树分析法是一种针对特定事件的定量评估方法。它将事故发生的各个可能性和结果组成的事件树进行建模，并使用概率、逻辑运算等工具，计算得出事件的频率和概率。通过 ETA 方法，可以定量评估特定事件的风险程度，从而有针对性地实施预防和应急措施。

4.简化安全评估方法

在一些小型油库或资源有限的情况下，可以采用简化的安全评估方法。例如，根据相关规范和经验，对油库的基本条件、设备状况、安全管理水平等进行简单评估，确定是否存在重要的安全隐患和风险，并制定相应的改进措施。

（二）油库安全监测的指标体系

1.设备状态监测指标

包括对油库设备的监测和评估，如储罐壁厚度、管道渗漏、防火系统运行状态等。通过实时监测设备健康状况，及时发现并处理潜在的设备故障和安全隐患。

2.环境监测指标

包括大气环境、水体质量等方面的监测。通过对周边环境进行定期监测，评估油库对环境的影响程度，确保其运营符合环保要求。

3.安全管理系统指标

包括安全管理制度、培训计划、事故应急预案等方面的评估。通过对油库安全管理系统的监测，确保其能够有效地识别和管理潜在的风险。

4.作业安全指标

包括工作票管理、操作规程执行情况等方面的监测。通过对作业安全的监测，及时纠正和改进操作不规范、违反规程的情况，确保作业安全可靠。

5.应急管理指标

包括应急预案的完善程度、演练情况、人员培训等方面的监测。通过对应急管理的监测，提高应急处置能力，做好突发事件的应对和处理。

6.外部风险评估指标

包括天气状况、周边环境变化等方面的监测。通过对外部风险的评估，及时采取相应措施，减少因外部因素带来的安全风险。

以上仅是油库安全评估与监测的一些常见方法和指标体系，具体的评估方法和指标体系还需要根据实际情况进行调整和补充。在实际应用中，可以结合不同的评估方法和指标，针对油库的特点和需求进行定制化的安全评估与监测方案，以确保油库运营的安全可靠性。同时，对于长期运营的油库，还应定期进行安全重评估和监测，持续改进和优化安全管理工作。

二、定性评估方法与风险评估

（一）定性评估方法

1. 专家判断法

专家判断法是一种主观评估方法，通过邀请相关领域的专家进行意见提供和主观判断。专家根据其经验知识和专业判断，评估潜在风险的可能性、严重性等方面，形成定性评估结果。这种方法适用于那些难以量化或缺乏数据支持的风险评估情况。

2. 频率-严重性矩阵法

频率-严重性矩阵法是一种简单有效的定性评估方法，通过将事故发生的频率和严重性两个因素进行评估，并将其表示在一个矩阵中。根据不同的等级，可以制定相应的风险控制措施。这种方法适用于初步评估和初步决策的场景，可以帮助快速识别高风险区域和关键问题。

3. 事件树分析法

事件树分析法是一种定性评估方法，通过建立事件树模型来评估特定事件的可能性和概率。事件树由事件序列组成，每个事件都有相应的概率和结果。通过对事件发生的可能性、产生的后果等进行评估，可以形成定性评估结果。事件树分析法可以为深入理解事件的发生机制和影响路径提供帮助。

4. 失效模式与影响分析（FMEA）

失效模式与影响分析是一种系统化的定性评估方法，主要用于产品、系统或流程的风险评估。通过识别和分析可能的失效模式，评估其对系统性能、安全和可靠性的影响，并提出相应的改进措施和预防措施。这种方法适用于对特定设备、系统或流程的风险进行评估和管理。

（二）风险评估

风险评估是在定性评估的基础上进一步评估和描述风险。通常结合一些定量数据和模型，将风险以概率或数量的形式表达出来，更准确地评估和比较不同风险之间的优先级。风险评估的目标是为决策提供科学依据，确定风险控制和管理的优先级。

在油库安全评估与监测中，常用的风险评估方法如下。

1.风险矩阵法

风险矩阵法结合了定性评估和风险评估的思想，通过将潜在风险按照其可能性和严重性进行划分和评估，并将其表示在一个矩阵中。根据不同的等级，可以制定相应的风险控制和改进操作不规范、违反规程的情况，确保作业安全可靠。

2.应急管理指标

包括应急预案的完善程度、演练情况、人员培训等方面的监测。通过对应急管理的监测，提高应急处置能力，做好突发事件的应对和处理。

3.外部风险评估指标

包括天气状况、周边环境变化等方面的监测。通过对外部风险的评估，及时采取相应措施，减少因外部因素带来的安全风险。

以上仅是油库安全评估与监测的一些常见方法和指标体系，具体的评估方法和指标体系还需要根据实际情况进行调整和补充。在实际应用中，可以结合不同的评估方法和指标，针对油库的特点和需求进行定制化的安全评估与监测方案，以确保油库运营的安全可靠性。同时，对于长期运营的油库，还应定期进行安全重评估和监测，持续改进和优化安全管理工作。

三、油库安全监测技术与装备

油库安全监测技术与装备是为了确保油库的安全运营，防止泄漏、火灾、爆炸等事故发生而采用的一系列技术和装备。这些技术和装备主要包括液位监测、温度监测、压力监测、气体监测、火灾监测与报警、视频监控与安防等方面。

首先，液位监测技术在油库安全监测中起着重要作用。通过安装液位传感器，可以实时监测油库内部油品的液位变化。当液位异常升高或降低时，可能意味着存在泄漏或溢出的风险。监测设备会通过数据传输系统将监测到的液位数据发送给监测中心，实现实时监控和预警。

其次，温度监测技术也是油库安全监测的重要组成部分。通过在油库内部布置温度传感器，可以实时监测油库中的温度变化。异常的温度波动可能是泄漏、自燃或其他安全隐患的指示。当温度超过设定的安全阈值时，监测系统会发出警报并采取相应的措施，如喷淋水或自动灭火器。

此外，压力监测技术也是油库安全监测的关键技术之一。通过在油罐、管道等关键位置安装压力传感器，可以及时检测油库内部的压力变化。当压力超过正常范围时，可能存在泄漏或爆炸的风险。监测系统会即时发出警报，并采取措施，如关闭相关设备或启动事故处置方案。

气体监测技术在油库安全中起到了重要的作用。通过安装气体传感器，可以实时监测油库内部有害气体的浓度和组成。例如，甲烷、硫化氢等可燃气体和有毒气体的泄漏可能对人员安全造成威胁。当监测到有害气体超过设定阈值时，监测系统会引发警报并采取相应的应急措施。

火灾监测与报警系统是保障油库安全的重要方面。这些系统包括烟雾传感器、火焰传感器和温度报警器等。当火灾发生时，这些设备会立即检测到，并自动触发警报系统。同时，喷雾灭火系统、泡沫喷淋系统等配备也可以迅速启动，有效控制火势的蔓延。

视频监控与安防技术用于监视和记录油库周边的安全状况。通过安装摄像头和监控设备，可以实时监控油库内外的情况并记录重要数据。当发生异常事件时，可以根据录像资料进行事后调查和分析，并采取相应的安全措施。

视频监控与安防技术是油库安全监测的重要组成部分。通过在关键区域设置高清摄像头和其他安防设备，可以实时监控油库内外的情况，并记录重要的视频数据。视频监控系统可以通过图像识别和智能算法来检测异常事件，如入侵者、非法活动或其他潜在的安全威胁。一旦发现异常，系统会立即发出警报并采取相应的措施，以确保油库的安全运营。

应急响应装备是在紧急情况下保障油库安全的关键装备。这些装备包括灭火器、防爆设备、应急照明等。在发生火灾、泄漏或其他紧急情况时，这些装备可以迅速被调用使用，帮助人员进行逃生或控制事态发展。同时，还需要建立完善的应急预案，培训人员熟悉操作程序，提高应急响应水平。

除了上述具体技术与装备，油库安全监测还需要建立完善的监测系统和数据管理平台。通过集成各种监测设备，实现数据的采集、传输和分析，可以及时发现问题并采取相应的措施。同时，利用大数据分析和人工智能等技术，对监测数据进行综合分析，提高预警准确性和反应速度。

油库安全监测技术与装备在石油行业中起着至关重要的作用。通过液位监测、温度监测、压力监测、气体监测、火灾监测与报警、视频监控与安防等多方面的组合应用，可以全面保障油库的安全运营。此外，应急响应装备和完善的监测系统也是必不可少的。随着科技的不断进步，油库安全监测技术与装备将会继续发展，并为石油行业的安全生产做出更大的贡献。

第四节　油库安全监督与评估的效果与问题

一、油库安全事故发生与情况分析

油库是存储大量石油和石油产品的地方，因此可能存在一些安全隐患。当发生油库安全事故时，可能会造成严重的人员伤亡、环境污染以及财产损失。为了提高油库的安全性，必须对油库安全事故进行分析，并采取相应的预防和控制措施。

（一）油库泄漏事故

油库泄漏事故是最常见的油库安全事故之一。泄漏可能源自管道、储罐或其他设备的破损、腐蚀等原因。泄漏可能导致油品的泄露、扩散和污染，给周围环境和人员带来严重的危害。此外，泄漏还有引发火灾和爆炸的风险。对于泄漏事故的预防与控制，需要加强设备的日常维护和检修，定期进行泄漏检测与监测，并建立完善的漏油应急处置方案。

（二）火灾事故

油库火灾是另一个常见的安全事故类型。火灾可能由许多因素引发，如电气故障、静电火花、高温等。由于油库内储存的石油和石油产品易燃，一旦发生火灾，可能导致火势蔓延迅速，造成严重的人员伤亡和财产损失。预防火灾事故需要做好火灾风险评估与管理，保持设备和管道的良好状态，加强火灾监测与报警系统，以及建立有效的应急响应措施。

（三）爆炸事故

由于油库储存的石油和石油产品具有易燃易爆性质，当遇到火源或者压力过高时，可能引发爆炸事故。爆炸事故可能造成严重的人员伤亡、设备损毁以及周围环境的污染。预防爆炸事故需要进行定期的安全检查和维护工作，确保设备和管道的完整性和可靠性，及时处理可能导致爆炸的隐患因素。

（四）其他事故类型

除了上述常见的事故类型外，油库还可能发生其他类型的安全事故，如化学泄露、电气事故、储罐倾覆等。这些事故可能由于设备老化、操作失误、自然灾害等原因引发。预防这些事故需要制定相应的安全管理制度，进行合理的设施布局和工艺设计，并定期进行维护和检修。

在分析油库安全事故时，不仅要关注具体事故的原因和发展过程，还要考虑人为因素、设备状态、环境因素等多方面的影响。通过对事故的深入分析和评估，可以总结出常见事故的特点和规律，提出相应的改进措施，以避免类似事故再次发生。

二、监督与评估措施对事故预防的影响

（一）发现潜在的安全隐患

监督与评估措施可以帮助组织发现潜在的安全隐患和问题。通过定期的检查、审查和评估，可以对工作场所进行全面的查看，识别出存在的安全风险和不符合规范的行为。例如，可能发现设备老化、缺乏维护、操作失误等问题，这些都可能导致事故的发生。通过发现这些潜在的隐患，组织可以采取相应的措施来消除或减轻风险，从而预防事故的发生。

（二）促进安全管理的改进

监督与评估措施有助于促进组织的安全管理改进。通过监督机构的定期检查和评估，可以发现安全管理体系中存在的不足之处，并提供改进建议。这些建议可以涉及设备更新、操作规程的修订、培训和教育的加强等方面。通过采纳这些改进措施，组织可以不断优化安全管理体系，提高事故预防的能力。

（三）促使员工保持高度警惕

监督与评估措施的实施有助于促使员工保持高度警惕，增强安全意识。员工知道他们的行为受到监督与评估，他们会更加注意自己的行为，并确保遵守安全规章制度和程序。同时，组织需要通过定期的培训和教育来提高员工的安全意识，并向他们传达事故预防的重要性。这样可以帮助员工形成良好的安全习惯，减少意外事故的发生。

（四）提升透明度与问责机制

监督与评估措施也有助于提升组织的透明度和问责机制。当监督机构对组织进行监督时，结果通常会被公开，并对利益相关方进行披露。这种透明度可以迫使组织更加重视安全问题，加强内部的问责和追究制度。同时，监督与评估措施也有助于建立起一个有效的反馈机制，使员工能够向管理层报告潜在的安全问题，并促使组织采取有效措施加以解决。

（五）促进行业间的经验分享与学习

监督与评估措施可以促进行业间的经验分享与学习。监督机构可以收集不同组织的最佳实践和教训，并将其应用于其他相关组织中。通过这种经验分享与学习，整个行业都能共同提高安全水平，共同预防事故的发生。

总之，监督与评估措施对事故预防具有重要的影响。通过监督和评估，可以发现潜在的安全隐患，促进安全管理改进，提高员工的警觉性，提升组织的透明度和问责机制，以及促进行业间的经验分享和学习。这些措施共同作用，可以有效地预防事故的发生，保障工作场所的安全与健康。

三、存在的问题与改进建议

油库的安全评估与监测对于确保石油储存与运输的安全非常重要，然而在实际操作中仍然存在一些问题。以下是油库安全评估与监测存在的问题以及改进的建议。

问题一：缺乏综合性的安全评估

目前油库安全评估过于注重单一因素，缺乏综合性的评估方法。这样可能无法全面了解潜在风险以及整体安全状况。因此，应采用综合性的评估方法，包括设备、工艺、环境、人员等多个方面进行全面评估。

问题二：监测技术不完善

一些油库的监测技术相对滞后，无法及时发现潜在的安全隐患，如泄漏、渗漏等。为此，我们可以引入先进的监测技术，如遥感技术、智能传感器等，以实现对油库运营状态、管道压力、泄露情况等重要参数的实时监测和分析。

问题三：维护与修复机制不健全

一些油库对设备的维护和损坏修复缺乏有效的机制，可能导致设备老化、漏油等问题无法及时得到解决。因此，我们需要建立健全的维护与修复机制，要定期检查设备状况，及时处理损坏和漏油问题，并进行记录和跟踪。同时，鼓励采用高质量材料和先进技术，提高设备和管道的安全性和耐用性。

问题四：人员培训不足

油库操作人员的培训和素质直接关系到油库安全管理的效果。然而，一些油库存在人员培训不足的问题，缺乏应急处置经验和知识。为此，应加强对操作人员的培训和教育，包括熟悉油品储存和运输规范要求、掌握应急处理措施、提高操作技能等方面的培训。同时，还应定期组织安全知识和技能培训，提高员工的安全意识和应急反应能力。

问题五：缺乏合作与信息共享机制

油库安全评估与监测需要政府监管部门、油库运营单位以及专业机构之间的合作与信息共享。然而，由于缺乏有效的合作机制，导致信息交流不畅和责任界定不清。因此，需要建立健全的合作机制，加强各方之间的信息共享和协作。同时，政府监管部门应加强对油库的监管，确保其安全管理符合法规要求。

总之，油库安全评估与监测存在安全评估不全面、监测技术不完善、维护与修复机制不健全、人员培训不足以及缺乏合作与信息共享机制等问题。针对这些问题，我们可采取相应的改进措施，如采用综合性的评估方法、引入先进的监测技术、建立健全的维护与修复机制、加强人员培训和提高安全意识、建立合作与信息共享机制等。通过这些改进措施，可以提升油库安全评估与监测的质量和效果，确保石油储存和运输过程的安全性。

第七章 油库信息管理系统的建设

第一节 油库信息管理系统的概念和功能

一、油库信息管理系统的定义和特点

油库信息管理系统是一种专门用于管理和监控油库相关信息的软件系统。它集成了不同模块和功能，旨在提供全面、准确和实时的数据管理和决策支持，以确保油库的安全运营、高效调度和可持续发展。

油库信息管理系统的特点如下。

综合性：油库信息管理系统涵盖了油库运营的各个环节和方面，包括油品储存、运输、调度、安全监测、环境保护等。它可以集成并管理大量的数据和信息，并提供全面的功能来满足油库管理的多样化需求。

实时性：油库信息管理系统通过实时数据采集和传输，能够及时获取油库各项运营指标和状态信息。运营人员可以随时查看实时数据，并根据信息做出相应的决策和调整，从而更好地把握油库的运行情况。

自动化：油库信息管理系统支持自动化处理和操作，可以通过自动化设备和传感器对关键参数进行监测和控制。这减少了人工干预的需求，并提高了运营过程的效率和精度。

集成化：油库信息管理系统能够与其他关键系统进行集成，如财务管理系统、供应链管理系统等。通过数据共享和交互，提高了信息处理的一致性和准确性，同时也提升了工作效率和运营整体水平。

安全性：油库信息管理系统强调对信息的保护和安全。它具备权限管理功能，只有经过授权的人员才能访问敏感信息。此外，系统还能够对数据进行备份和恢复，并进行实时监测和报警，确保数据的完整性和可靠性。

分析与决策支持：油库信息管理系统可以对大量数据进行分析和挖掘，提供统计报表、图表和预测模型等工具，帮助管理层做出更准确、科学的决策。它能够识别存在的问题和潜在风险，并提供相应的建议和解决方案。

总之，油库信息管理系统是一个综合性、实时性、自动化、集成化、安全性和决策支持的软件系统，为油库管理提供了全面、高效的信息管理和运营支持。通过使用这样的系统，可以提高油库运营的安全性、效率和可持续发展水平。

二、油库信息管理系统的主要功能介绍

油库信息管理系统作为一个综合性的软件系统，具备多种功能来支持油库管理和运营过程。以下是油库信息管理系统的主要功能介绍：

油品储存管理：系统能够记录和管理油库中不同类型油品的储存情况，包括油品种类、库存量、进货时间、储存位置等。通过实时监测和数据分析，可以帮助管理人员做出合理的库存规划和调度决策，确保油品供应的及时性和充足性。

运输调度管理：系统可以跟踪和管理油品的运输过程，包括装车、发货、运输路径等。它能够优化运输计划，减少空驶率和运输成本，提高运输效率和客户满意度。同时，系统还可以支持运输数据的实时监控和跟踪，确保运输过程的安全和及时性。

安全监测与预警：系统能够对油库的安全情况进行实时监测和预警。它可以接收和处理来自传感器和监测设备的数据，并根据设定的安全阈值进行实时报警。这有助于及时发现和解决潜在的安全风险，确保油库的安全运营。

环境保护管理：系统可以监测和管理油库对环境的影响。它能够记录油品泄漏、废水处理、废气排放等相关数据，并生成相应的报告和统计信息。通过对环境数据的分析和监控，可以及时发现和纠正环境问题，保护周边生态环境的安全和可持续性。

数据分析与决策支持：系统具备强大的数据分析功能，能够对各类数据进行统计、分析和挖掘。它可以生成各种报表、图表和图像，提供全面的数据可视化和分析工具，帮助管理层做出科学、准确的决策。同时，系统还能够建立

预测模型，为未来的运营规划和决策提供参考依据。

财务管理与费用控制：系统支持油库的财务管理和费用控制。它可以记录和管理收入、支出、成本等相关数据，实现财务数据的实时跟踪和分析。通过对财务数据的处理和分析，系统能够提供财务报告和成本控制建议，帮助油库管理人员合理分配资源和降低成本。

系统集成与数据共享：油库信息管理系统可以与其他系统进行集成，如财务管理系统、供应链管理系统等。通过数据的共享和交互，实现数据的一致性和准确性，提高工作效率和运营整体水平。

安全权限管理：系统具备安全权限管理功能，可以根据用户角色和权限进行数据访问和操作的控制。这样可以确保敏感数据的安全性和隐私性，防止未经授权的人员访问和操作系统。

总之，油库信息管理系统具备多种功能来支持油库管理和运营过程，包括油品储存管理、运输调度管理、安全监测与预警、环境保护管理、数据分析与决策支持、财务管理与费用控制、系统集成与数据共享以及安全权限管理。这些功能的综合应用能够提升油库管理的效率、安全性和可持续发展水平，为油库管理人员提供准确的数据和决策支持，助力油库实现高效运营和可持续发展。

三、油库信息管理系统在安全监测方面的作用

油库信息管理系统在安全监测方面发挥着重要的作用。它通过实时数据采集、监测设备和传感器等工具，对油库的安全状况进行全面监控和分析。下面详细介绍油库信息管理系统在安全监测方面的作用。

实时监测油品储存情况：油库信息管理系统可以记录和监测油品的储存情况，包括油品种类、库存量、储存位置等。这能够帮助管理人员实时了解油库的储存状况，并及时判断是否存在超储或不合规的情况。通过对储存数据的监测和分析，系统能够提供预警机制，防止油品储存超过安全限额，保证油品储存的安全性。

泄漏检测与预警：油库信息管理系统配备泄漏检测装置和传感器，能够实时检测油库设施、管道以及贮罐的泄露情况。一旦发现泄漏，系统能够立即发

出预警信息，通知相关人员采取紧急措施，防止事故扩大化。同时，系统还能对泄漏数据进行记录和分析，以便事后追溯、责任追究和改进。

火灾监测与防护：油库信息管理系统可以实时监测油库周围的火灾风险，并及时发出火灾预警。系统通过烟雾传感器、温度传感器等设备，检测火灾的迹象，并在火灾发生时触发报警系统，同时启动灭火装置或采取其他应急措施。这有助于迅速发现火灾，降低损失，并保障员工和环境的安全。

安全事件记录和跟踪：油库信息管理系统能够记录和跟踪油库发生的安全事件。这包括事故、泄漏、火灾等，以及管道、设施的维修和检修情况。通过对安全事件的记录和跟踪，系统能够提供详细的事件报告和统计数据，为事故调查、责任追究和改进提供参考依据。

安全培训与知识管理：油库信息管理系统可以提供安全培训和知识管理功能。系统可以记录和管理员工的安全培训记录，并定期提供安全培训和知识更新。此外，系统还可以集成安全操作规程、应急预案等文件，帮助员工掌握正确的安全操作方法和应对紧急情况的流程。

安全合规性管理：油库信息管理系统可以帮助管理人员确保油库的合规性和符合相关法规要求。系统可以记录并提醒执行各类安全检查和维护任务，如设备巡检、防火检查、泄漏试验等。同时，系统还能够生成合规报告和证明文件，方便提交给监管机构或第三方审查。

安全文化建设和风险评估：油库信息管理系统可以促进安全文化建设和风险评估。它可以记录和跟踪安全培训、安全会议和员工安全意识活动等信息，帮助提升员工对安全工作的重视和参与度。此外，系统还能够进行风险评估，识别潜在的安全风险，并提供相应的控制措施和改进建议，以降低事故发生的概率和影响范围。

总之，油库信息管理系统在安全监测方面起到了关键的作用。它通过实时监测、预警机制、事件记录、培训管理等功能，提供全面的安全监测和管理支持，帮助油库管理人员及时发现、处理和防范各类安全风险，实现油库安全运营和可持续发展的目标。

四、油库信息管理系统在运输调度方面的应用

油库信息管理系统在运输调度方面具有重要的应用价值。它通过整合数据和提供强大的功能模块，能够有效地支持油库的运输调度工作。以下是油库信息管理系统在运输调度方面的主要应用：

运输计划生成：油库信息管理系统可以根据订单和库存情况自动生成运输计划。系统会综合考虑油品种类、运输距离、运输时间窗口等因素进行优化规划，确保在最短时间内完成配送任务，并减少运输成本和空驶率。

车辆调度与指派：系统可以智能地进行车辆调度与指派工作。它会根据当前的运输任务、车辆实时位置、运输优先级等因素，合理安排车辆的出发时间、路线和装载量，以达到最佳的运输效率和资源利用率。

实时监控与追踪：油库信息管理系统能够实时监控运输车辆的位置和行驶状态。通过GPS定位、传感器等技术手段，系统可以随时获取车辆的位置信息，并将其展示在地图上。这样，管理人员可以实时了解车辆的运行情况，及时做出调度调整和应对异常情况。

路线规划与导航：系统可以提供路线规划和导航功能，帮助司机选择最佳的行驶路线。系统会综合考虑各种因素，如交通状况、道路条件、油品运输限制等，为司机提供准确的导航指引，以确保安全、高效地到达目的地。

货物跟踪与签收管理：油库信息管理系统能够对油品进行全程跟踪和签收管理。它可以记录油品的运输过程，包括出库时间、装车信息、中转站点等，并在送达目的地后进行签收确认。这有助于确保油品的运输过程可追溯、可控制，并提供签收证明和相关数据记录。

配送调度优化：油库信息管理系统可以进行配送调度的优化和动态调整。系统根据实时订单情况、交通状况和库存情况，对配送路线和装载量进行优化，以最大限度地提升配送效率和客户满意度。此外，系统还能够处理临时订单和紧急需求，及时调整配送计划，确保及时交付。

运输数据分析与报告：油库信息管理系统可以对运输数据进行分析和统计，生成各类报告和图表。通过对运输数据的分析，系统可以揭示潜在问题和瓶颈，并提供改进建议。这有助于管理人员及时发现运输过程中存在的问题，并采取

相应措施改善运输效率和质量。

与供应链管理的集成：油库信息管理系统可以与供应链管理系统进行集成，实现供应链的可见性和协同。通过与供应商、承运商和客户等各方的信息共享和交互，系统能够实现物流数据的实时更新和监控，加强供应链的协同作业和信息流畅度。

第二节　油库信息管理系统的设计与实施

一、油库信息管理系统的需求分析和功能设计

油库信息管理系统的需求分析和功能设计是确保系统能够满足用户需求并提供有效的解决方案的重要环节。以下是针对油库信息管理系统的需求分析和功能设计的一些建议。

（一）数据管理功能

油品库存管理：记录并跟踪油品种类、数量、质量等信息，支持实时更新和查询。

客户管理：维护客户信息，包括联系方式、配送要求等，以便进行订单管理和服务提供。

供应商管理：记录供应商信息，包括联系方式、合同条款等，方便采购和供应链管理。

资产管理：管理油库设备、仪表、机械等资产的信息，包括购置、维护、报废等。

（二）运输调度功能

订单管理：接收、录入和处理客户订单，并将其与库存情况相匹配，自动生成运输计划。

车辆调度与指派：根据订单优先级、装载量和车辆可用性等因素，智能安排车辆的调度和指派任务。

路线规划与导航：基于交通状况、道路限制和运输距离等因素，为司机提供最佳行驶路径和导航指引。

实时监控与追踪：实时跟踪运输车辆的位置、状态和里程等信息，并提供报警和异常处理机制。

（三）安全监测功能

泄漏检测与预警：配备泄漏检测装置和传感器，实时监测油库设施、管道和贮罐等是否存在泄漏情况，并及时发出预警信息。

火灾监测与防护：通过烟雾传感器、温度传感器等设备，实时监测油库周围的火灾风险，并触发报警系统或启动灭火装置。

安全事件记录和跟踪：记录和管理油库发生的安全事件，包括事故、泄漏、火灾等，以及相应的维修和检修记录。

（四）数据分析与报告功能

运输数据分析：对运输数据进行统计和分析，揭示潜在问题和瓶颈，并提供改进建议，以提升运输效率和质量。

库存数据分析：分析油品库存情况，预测需求和调整采购计划，避免超储或缺货的情况发生。

安全报告和统计：生成安全相关的报告和统计数据，用于油库管理人员的决策分析和监管机构的审查评估。

（五）系统集成与共享功能

与供应链管理系统集成：实现与供应商、承运商和客户等各方的信息交互，促进供应链的协同作业和信息流畅度。

数据共享与权限管理：确保合适的部门和人员能够共享所需的数据和信息，并设置角色权限，保护敏感数据的安全性。

（六）用户界面与易用性

直观的用户界面设计，使操作简单、易于学习和使用。

提供个性化设置功能，允许用户根据自身需求进行自定义调整。

支持多种操作方式，包括PC端、移动设备和终端设备等。

总之，油库信息管理系统的需求分析和功能设计应该充分考虑到油库运输调度的特点和要求。通过有效的数据管理、运输调度、安全监测、数据分析和系统集成等功能，能够提供全面的支持和解决方案，提升油库运输调度的效率和安全性。此外，用户界面的友好性和易用性也是关键因素，确保系统的高效运行和用户满意度。

二、油库信息管理系统的数据库设计和架构选择

油库信息管理系统的数据库设计和架构选择是确保系统数据存储和处理效率的关键环节。下面是针对油库信息管理系统的数据库设计和架构选择的一些建议。

（一）数据库设计考虑因素

数据结构：根据系统需求，设计合理的数据库表结构，包括油品信息、客户信息、供应商信息、订单信息、运输记录、安全事件等相关表。

数据完整性：定义适当的约束条件和规则，确保数据的合法性、唯一性和一致性。

数据存储与查询效率：选择合适的数据类型和索引策略，优化数据存储和查询的性能。

数据备份与恢复：制定合理的数据备份和恢复策略，确保数据的安全性和可靠性。

（二）数据库架构选择

关系型数据库（RDBMS）：适用于复杂的数据关系和事务处理，如 Oracle、MySQL、SQL Server 等。可用于存储和管理油库的各类数据，并提供丰富的查询和分析功能。

非关系型数据库（NoSQL）：适用于大规模数据存储和高并发访问场景，如 MongoDB、Redis 等。可用于存储实时监测数据、日志信息等非结构化数据，具有良好的扩展性和性能。

混合架构：结合关系型数据库和非关系型数据库，根据不同数据类型和访问需求选择合适的存储引擎和技术。

（三）数据库架构设计

单机式架构：适用于小规模油库信息管理系统，数据库服务器部署在单台物理服务器或虚拟机上。简单易懂，成本相对较低，但扩展性和容错性有限。

主从复制架构：适用于中等规模的油库信息管理系统，采用主数据库和多个从数据库进行数据复制和读写分离。提高并发处理能力和读取性能，但需要考虑数据同步和一致性问题。

集群架构：适用于大规模的油库信息管理系统，通过多个数据库节点组成集群，实现负载均衡、高可用性和故障恢复能力。可以水平扩展，但架构复杂，成本较高。

（四）数据安全与权限控制

数据加密：对敏感数据进行加密存储，确保数据的机密性和安全性。

访问控制：通过角色和权限管理，限制用户对数据库的访问和操作，确保数据的完整性和可靠性。

日志记录与审计：记录用户的操作日志和系统事件，以便追踪和审计数据变更和安全事件。

备份与恢复：定期进行数据库备份，并测试恢复流程，以保证数据的可靠性和可恢复性。

（五）数据库性能优化

索引优化：选择合适的索引策略，加速查询操作和提高查询效率。

查询优化：分析和调整复杂查询语句，优化查询执行计划，减少查询时间和资源消耗。

缓存技术：使用缓存技术如 Redis 等，减轻数据库负担，提高系统响应速度和并发处理能力。

分布式架构：采用分布式数据库或分片技术，将数据分散存储在多个节点上，提高系统的扩展性和负载均衡能力。

总之，油库信息管理系统的数据库设计和架构选择应根据系统规模、数据类型和访问需求综合考虑。合理的数据库设计和架构能够提高系统性能、数据安全性和可靠性，满足油库信息管理系统的功能需求。

三、油库信息管理系统的软件开发和测试

油库信息管理系统的软件开发和测试是确保系统功能完备、稳定可靠的关键环节。以下是针对软件开发和测试的一些建议。

（一）开发阶段

需求分析：明确系统需求，包括功能、性能、安全等方面，并进行详细的需求规格说明。

架构设计：设计系统的整体架构，确定模块划分和接口定义，确保系统的可扩展性和可维护性。

编码实现：根据需求和架构设计，进行编码实现，遵循良好的编码规范和设计原则，保证代码质量和可读性。

单元测试：针对每个模块编写单元测试，覆盖各种情况和异常场景，验证代码的正确性和稳定性。

（二）测试阶段

功能测试：对系统的各项功能进行全面的测试，确保功能的正确性和完备性。

性能测试：模拟实际使用场景，对系统进行压力测试和性能测试，评估系统的响应速度、并发处理能力和资源利用率。

安全测试：检测系统的安全漏洞和风险，进行渗透测试、权限测试和数据加密测试等，确保系统的安全性和保密性。

兼容性测试：在不同操作系统、浏览器和设备下进行测试，确保系统在各种环境中的兼容性和稳定性。

用户体验测试：进行用户界面的易用性测试，收集用户反馈，优化用户界面和交互流程。

集成测试：将开发的模块进行集成测试，验证模块间的接口和数据传递是否正常。

（三）自动化测试

使用自动化测试工具和框架，对系统进行自动化测试，提高测试效率和覆盖范围。

编写自动化测试脚本，覆盖常用功能和业务流程，实现重复性的测试任务的自动化执行。

（四）缺陷管理与修复

建立缺陷管理系统，及时记录和跟踪发现的缺陷，并分配给相关开发人员进行修复。

进行回归测试，验证修复的缺陷是否完全解决，避免引入新的问题。

（五）版本控制与部署

使用版本控制系统，如 Git，管理代码的版本和变更历史，确保团队合作和代码安全。

实施持续集成和部署，自动化构建、测试和部署系统，保证软件的稳定性和发布效率。

（六）用户验收测试

邀请用户参与系统的验收测试，检验系统是否符合用户需求和预期。

收集用户反馈和意见，进行及时修复和优化。

（七）文档撰写

编写用户手册、开发文档和测试用例等相关文档，以便用户了解系统功能和操作流程，开发人员理解代码和技术细节，测试人员执行测试任务。

总之，油库信息管理系统的软件开发和测试需要全面考虑系统的功能、性能、安全和用户体验等方面。通过阶段性的开发和测试工作，确保系统质量和稳定性，满足用户需求和预期。

四、油库信息管理系统的部署和实施方案

油库信息管理系统的部署和实施方案是确保系统能够正常运行和发挥作用的关键环节。以下是针对部署和实施方案的一些建议。

（一）环境准备

硬件设备：根据系统规模和性能要求，选择适当的服务器、存储设备和网络设备。确保硬件设备的稳定性、可靠性和扩展性。

软件环境：安装操作系统、数据库软件、应用服务器等必要的软件组件。

确保软件环境的兼容性和稳定性。

（二）系统配置

配置数据库：根据数据库设计和架构选择，创建数据库实例，并进行参数调优和安全设置。

配置应用服务器：安装和配置应用服务器，确保系统能够正常运行，并进行性能调优和负载均衡设置。

配置网络：配置网络设备和防火墙，确保系统的网络连接和安全。

（三）数据迁移

迁移数据：将现有的油库数据导入到新系统中，确保数据的完整性和准确性。

数据清洗：对导入的数据进行清洗和验证，修复或删除不符合要求的数据，确保数据质量。

（四）系统安装与配置

安装系统：将开发完成的油库信息管理系统安装到服务器上，确保系统的正确部署和安装。

配置系统参数：根据实际需求，设置系统所需的各项参数，包括数据库连接、文件存储路径、权限控制等。

（五）用户培训与支持

培训计划：制定用户培训计划，针对不同角色和职责的用户进行培训，包括系统功能、操作流程和故障处理等。

培训材料：准备培训所需的文档、演示和案例，便于用户理解和学习系统使用方法。

技术支持：建立技术支持渠道，提供用户在线或电话支持，及时响应和解决用户遇到的问题和疑问。

（六）测试与验收

系统测试：在部署和实施过程中进行系统测试，包括功能测试、性能测试、安全测试等，确保系统满足预期要求。

用户验收测试：邀请用户参与系统的验收测试，确认系统是否满足其特定需求，并修复可能存在的问题。

（七）上线与监控

上线发布：在经过全面的测试和验证后，正式上线发布系统，提供给用户使用。

监控与调优：建立系统监控和告警机制，实时监测系统运行状态，对性能问题进行调优，及时处理故障和异常。

（八）维护与升级

定期维护：建立定期的系统维护计划，包括数据库备份、日志清理、安全补丁更新等，确保系统的稳定性和可用性。

升级与迭代：根据用户反馈和需求变化，进行系统功能升级和迭代开发，持续改进系统性能和用户体验。

五、油库信息管理系统的培训和用户支持

油库信息管理系统的培训和用户支持是确保用户能够熟练使用系统并得到及时帮助的重要环节。以下是关于培训和用户支持方面的一些建议。

（一）培训计划

制定培训计划：根据系统功能和用户角色，制定详细的培训计划。该计划应包括培训内容、培训时间、培训方式等信息。

不同级别的培训：根据用户的职责和需求，设立不同级别的培训。例如，基础培训适用于新用户，高级培训则针对系统管理员或技术支持人员。

（二）培训材料

编写培训手册：编写针对系统功能和操作流程的培训手册，以便用户能够自主学习和参考。

准备示例数据：为了帮助用户更好地理解系统的使用，准备一些示例数据供他们实践操作。

（三）培训方式

班级培训：组织面对面的班级培训，提供系统演示和操作指导。这将有助于用户之间的交流和知识共享。

远程培训：结合远程培训工具，如视频会议或在线培训平台，进行远程培

训。这将节省时间和成本，并方便用户参与。

（四）技术支持

建立技术支持渠道：建立用户可以随时咨询的技术支持渠道，例如电话热线、邮件支持或在线聊天系统。

及时响应：确保在用户提出问题或请求帮助后及时回复并提供解决方案。对于紧急情况，尽可能快速地提供技术支持。

（五）用户社区和知识库

创建用户社区：建立一个用户交流和知识分享的在线社区平台，用户可以在这里互相提问、分享经验和解决问题。

维护知识库：创建一个系统的知识库，包含常见问题解答、操作指南和故障排除等信息。用户可以通过查阅知识库自行解决问题。

（六）定期更新

更新培训材料：随着系统功能的升级和演进，及时更新培训材料，确保用户接收到最新的系统信息和操作指导。

定期培训回顾：定期组织培训回顾会议，回顾和总结培训内容，提供用户进一步反馈和解决问题的机会。

（七）用户满意度调查

进行用户满意度调查：定期进行用户满意度调查，了解用户对系统和支持服务的满意程度，并根据反馈改进培训和支持流程。

第三节 油库信息管理系统的运行与维护

一、油库信息管理系统的日常运行和数据监控

（一）系统运行监控

建立监控系统：部署专门的系统监控工具，用于实时监测系统的运行状态和性能指标，例如服务器负载、数据库连接数、响应时间等。

实施告警机制：设置告警规则，当系统出现异常或达到预设阈值时，及时

发送告警通知给相关人员，以便快速响应并解决问题。

（二）数据完整性监控

数据校验策略：建立数据完整性校验策略，通过验证约束条件、字段类型、数据格式等方式，确保数据的准确性和完整性。

定期检查：定期对重要数据进行检查，包括与外部数据源的比对、数据关联关系的验证等，以防止数据丢失或损坏。

（三）日志记录和审计

日志记录：开启系统的日志记录功能，记录系统操作和事件，便于追踪问题、排查错误和安全审计。

审计跟踪：对系统管理员和关键用户的操作进行审计跟踪，记录其在系统中的所有动作和操作，以提高数据安全性和责任追溯能力。

（四）数据备份和恢复

定期备份：制定定期备份策略，包括数据库备份、文件系统备份等，确保数据的可靠性和可恢复性。

灾难恢复计划：建立灾难恢复计划，明确数据丢失或系统故障时的紧急恢复步骤和流程，以最小化业务中断和数据损失。

（五）安全性管理

访问控制：实施严格的用户访问控制机制，对系统进行角色权限管理，确保只有授权人员可以访问和操作系统。

防火墙和入侵检测：设置防火墙、入侵检测系统和反病毒软件等安全措施，防止未经授权的访问和恶意攻击。

（六）性能优化与扩展

性能监测与调优：持续监测系统的性能指标，并针对性能瓶颈进行调优，提高系统的稳定性和响应速度。

规划扩展方案：根据业务需求和数据增长情况，提前规划系统的扩展方案，如增加硬件资源、优化数据库结构等。

（七）更新与升级

系统更新：及时安装系统提供的安全补丁、修复程序和新功能更新，保持系统的安全性和稳定性。

升级计划：制定系统升级计划，包括更新版本的测试、验证和灾难恢复策略，确保升级过程不影响系统的正常运行。

二、油库信息管理系统的故障排除和问题处理

（一）故障排查过程

收集信息：与用户沟通，了解问题的具体描述和出现的情况，收集相关日志、报错信息等。

分析问题：对已收集的信息进行分析，确定可能的故障原因，并优先排除可能性较高的原因。

进行测试：通过针对具体问题的测试和验证，确认故障是否得到解决。

（二）技术支持团队

建立技术支持团队：组建专门的技术支持团队，由有经验和专业知识的人员负责提供故障排除和问题解决的支持。

优化响应流程：确保技术支持团队能够及时响应用户的请求，并建立流畅的沟通渠道，以便更快速地解决问题。

（三）文档和知识库

创建文档和指南：编写故障排除手册、操作指南和常见问题解答等文档，供技术支持人员参考和使用。

维护知识库：创建一个系统的知识库，记录已解决的故障和问题，以便后续查阅和分享经验。

（四）远程支持工具

远程桌面：使用远程桌面软件或工具，与用户共享屏幕并进行实时演示，以便技术支持人员更直观地理解问题并提供解决方案。

远程连接：通过远程连接到用户系统，对故障进行诊断和修复，减少对用户的操作要求和干预。

（五）增强用户自助能力

建立用户帮助中心：创建一个在线用户帮助中心，提供详细的系统功能介

绍、常见问题解答和操作指南等，帮助用户更好地自助解决问题。

提供培训资源：为用户提供系统培训视频、在线培训课程等资源，加强用户对系统的理解和独立解决问题的能力。

（六）持续优化和改进

建立反馈渠道：设立用户反馈渠道，鼓励用户向技术支持团队提供反馈和建议，以改进系统的稳定性和用户体验。

定期评估过程：定期评估故障排除和问题处理过程的效果和效率，针对发现的问题进行改进和优化。

（七）灾难恢复计划

制定灾难恢复计划：建立灾难恢复计划，明确应对系统故障和数据丢失等灾难情况时的应急措施和恢复步骤。

定期演练：定期组织灾难恢复演练，检验计划的可行性和有效性，以提高应急响应能力。

三、油库信息管理系统的数据备份和恢复策略

（一）数据备份类型

全量备份：定期进行全量备份，将整个系统的数据完整地备份到独立的存储介质中（如磁盘、磁带等）。

增量备份：在每次全量备份之后，进行增量备份，只备份自上次全量备份以来发生变化的数据。

（二）备份频率

制定备份计划：根据数据的重要程度和变化频率，制定合理的备份计划。常见的备份频率包括每日、每周或每月备份。

事务日志备份：对于关键系统，可以设置事务日志备份，以便在数据损坏或意外故障时能够进行精确的恢复。

（三）存储介质选择

磁盘备份：使用磁盘作为主要的备份存储介质，可以实现快速备份和恢复，提高数据的可用性和恢复速度。

磁带备份：磁带备份多用于长期存储和归档，适用于对数据保留时间要求较长的情况。

（四）离线存储和远程备份

离线存储：将备份数据存储在独立的设备中，并将其与主系统隔离，以保护备份数据免受潜在的安全威胁和灾难风险。

远程备份：将备份数据复制到远程位置或云存储中，以提供额外的数据冗余性和可靠性，以应对地域性灾难和设备故障等问题。

（五）数据恢复测试

定期测试恢复过程：定期进行数据恢复测试，验证备份的完整性和可用性。这有助于及时发现备份和恢复流程中可能存在的问题，并加以修复。

提供恢复文档：编制详细的数据恢复手册和操作指南，记录不同类型的数据恢复场景和步骤，以便在需要时能够快速、准确地进行恢复操作。

（六）灾难恢复计划

制定灾难恢复计划：建立灾难恢复计划，明确在各种灾难事件（如硬件故障、系统崩溃、自然灾害等）发生时，如何进行数据恢复和系统重建。

恢复时间目标（RTO）与恢复点目标（RPO）：明确业务对恢复时间和数据损失的接受程度，设定合理的 RTO 和 RPO 目标。

（七）监控与报警

监控备份过程：建立监控机制，对备份过程进行实时监控，确保备份任务按计划执行，并及时发现备份失败或异常情况。

告警通知：设置告警规则，在备份故障或异常情况发生时，及时发送通知给相关人员，以便采取必要的纠正措施。

四、油库信息管理系统的安全性和权限管理

（一）访问控制

身份验证：通过用户名、密码、双因素认证等方式对用户进行身份验证，确保只有合法用户能够访问系统。

权限分级：根据用户角色和职责划分权限，只给予用户所需操作和访问的

最低权限，避免权限滥用和数据泄露。

（二）数据加密

数据传输加密：使用安全套接层（SSL/TLS）等协议对数据传输进行加密，防止数据在传输过程中被窃听或篡改。

存储数据加密：对敏感数据进行加密存储，确保即使数据泄露，也无法轻易解读其中的内容。

（三）安全审计

日志记录：记录用户登录、操作日志以及系统事件等信息，便于追踪和审计用户行为，及时发现异常活动和安全事件。

异常检测与警报：建立异常检测机制，通过实时监控和分析系统日志，及时发现并警报异常活动，以便采取相应的安全措施。

（四）系统更新与漏洞修复

及时系统更新：定期对系统进行安全更新和补丁管理，保持系统处于最新版本，并修复已知漏洞，以减少潜在的安全风险。

脆弱性扫描：定期进行系统脆弱性扫描和安全评估，发现系统中存在的安全漏洞，并及时采取措施进行修复。

（五）员工安全意识教育

安全政策和培训：制定明确的安全政策，向员工传达安全意识，并定期开展安全培训，提高员工对安全风险和防范措施的认识。

社会工程学防范：教育员工警惕社会工程学攻击，如钓鱼邮件、网络诈骗等，并提供相应的防范措施和报告渠道。

（六）备份与恢复策略

数据备份：制定合理的数据备份策略，通过定期备份数据到离线存储介质或远程服务器中，以防止数据丢失和灾难事件造成的影响。

灾难恢复计划：建立灾难恢复计划，明确在系统故障或灾难事件发生时的数据恢复和业务恢复步骤，保障系统业务连续性。

（七）第三方风险管理

供应链安全：对涉及系统的第三方供应商进行安全评估和监控，确保其符合安全标准,并采取必要的措施管理供应链风险。

合同与审计:与供应商建立明确的合同规定安全责任和义务,并定期进行审计,确保合规性和数据安全性。

五、油库信息管理系统的性能优化和系统升级

(一)性能评估与监测

系统性能评估:定期对系统进行性能评估,分析系统瓶颈和问题点,找出性能瓶颈,并制定相应的优化措施。

监测工具使用:使用监测工具实时监测系统性能指标,如服务器负载、数据库响应时间等,及时发现并解决潜在的性能问题。

(二)数据库优化

数据索引优化:设计和优化数据库索引,提高查询速度和数据检索效率。

查询优化:对频繁执行的查询语句进行分析和优化,减少数据库负载和响应时间。

(三)缓存技术应用

页面缓存:对经常访问的页面进行缓存,减少数据库查询次数。

对象缓存:使用缓存技术将常用的对象存储在内存中,加快数据读取速度。

(四)分布式架构与负载均衡

分布式部署:采用分布式架构,将系统拆分为多个独立的模块或服务,提高系统的并发能力和负载均衡能力。

负载均衡:通过负载均衡设备或软件,将请求分配到不同的服务器上处理,提高系统的处理能力和可用性。

(五)系统资源管理

优化代码:对系统代码进行优化,提高代码执行效率,减少资源消耗。

内存管理:合理管理系统内存,防止内存泄漏或过度占用,提高系统稳定性和性能表现。

(六)系统升级策略

版本控制与更新:使用版本控制工具进行系统源码管理,定期进行系统升

级和更新，修复已知的漏洞和问题。

预发布测试：在正式部署新版本之前，进行充分的测试和验证，确保新版本的稳定性和兼容性。

（七）容量规划

系统容量预估：根据业务需求和历史数据，预估系统容量的增长趋势，进行合理的容量规划，避免因容量不足导致的性能下降。

弹性扩展：在系统设计中考虑弹性扩展方案，如通过云计算平台实现按需自动扩展，以应对突发的用户访问量增加。

第四节 油库信息管理系统的发展趋势与展望

一、油库信息管理系统的智能化和自动化趋势

当今，油库信息管理系统的智能化和自动化正成为行业发展的重要趋势。随着科技的不断进步，人工智能、大数据分析、物联网等技术在油库管理中的应用日益广泛，带来了许多机遇和挑战。以下是关于油库信息管理系统智能化和自动化趋势的一些讨论。

（一）数据采集与分析

传感器技术：通过在油库中安装各类传感器，例如温度传感器、液位传感器、气体传感器等，实时监测和收集油品存储环境的数据。

大数据分析：将采集到的数据进行处理、分析和挖掘，利用数据挖掘和机器学习算法，提取有价值的信息，优化油库运营和维护策略。

（二）智能安全监控

视频监控系统：借助高清摄像头和视频分析算法，实现对油库内外的实时监控，识别异常行为，及早预警和处理安全风险。

智能报警系统：结合传感器数据和智能算法，建立智能化的报警系统，对潜在的危险状况进行预警和响应。

（三）自动化操作与控制

自动化泵站：通过自动化技术控制油库中的泵站设备，实现对油品运输、加注等过程的自动化管理。

自动化防火系统：结合传感器、智能算法和自动控制装置，建立自动化防火系统，及时检测和抑制火灾风险。

（四）智能调度和优化

智能储运计划：基于历史数据和需求预测，采用优化算法和人工智能技术，实现智能化的储运计划生成和优化，提高运输效率和资源利用率。

路线规划与导航：利用实时交通信息、地理信息系统以及智能导航技术，为油品运输提供最佳路线规划和导航引导。

（五）无人值守管理

无人机巡检：利用无人机技术进行油库巡检任务，实时监测设施状态和环境变化，减少人力资源投入和风险。

远程监控与维护：通过远程连接和云平台，实现对油库设备和运营状态的远程监控和维护，提高效率和降低人员风险。

（六）数据集成与共享

系统互联互通：建立油库信息管理系统与其他相关系统的数据集成，实现数据的共享和交换，提升整体管理效能。

云计算服务：利用云平台提供的弹性计算和存储资源，在不同地点和设备上实现数据共享、远程访问和协同工作。

智能化和自动化的趋势为油库信息管理系统带来了诸多益处，包括提高安全性、减少人为错误、提高效率和降低成本等。然而，在推进智能化和自动化过程中，也需关注数据隐私和安全保护、系统稳定性等问题，并持续关注相关技术的发展与应用，以不断优化油库信息管理系统的智能化和自动化水平。随着科技的不断进步，相信油库信息管理系统将实现更高程度的智能化和自动化，为油库运营提供更加高效、安全和可靠的解决方案。

二、油库信息管理系统的移动化和云平台应用

（1）实时监控与报警：通过移动设备接入系统，油库管理人员可以实时监控油罐液位、温度、压力等参数，并能够设置报警规则，及时获取异常情况的警报通知，快速响应并采取相应措施。

（2）远程巡视与维护：利用移动设备的摄像头和无人机技术，油库管理人员可以进行远程巡视和设备维护。他们可以通过视频流实时查看设施状况，识别问题并下达维修指令，减少人力资源投入和风险。

（3）移动工单管理：通过移动应用程序，油库管理人员可以接收、处理和提交工作任务。他们可以接收指派的工单，填写报告和维护记录，并及时更新任务状态，提高工作流程的可视化和协同性。

云平台应用方面，油库信息管理系统可以借助云计算技术，在云服务器上存储和处理数据，实现跨部门、跨地域的协作和共享。具体应用如下。

（1）数据集中存储与备份：将油库信息管理系统的数据存储在云服务器上，实现集中管理、备份和恢复。这样做可以防止数据丢失和损坏，提高数据的安全性和可靠性。

（2）多用户协同工作：通过在云平台上建立多用户访问权限控制机制，油库管理人员可以实现跨部门、跨地域的协同工作。他们可以共享数据、文档和报表，提高信息传递的效率和准确性。

（3）弹性计算和资源管理：云平台提供了弹性计算和存储资源，能够根据需求进行快速扩展或收缩。油库管理人员可以根据业务需要灵活调整资源配置，提高系统的灵活性、效率和成本控制。

移动化和云平台应用为油库信息管理系统带来了许多优势和机遇。它们提供了便利的数据访问与管理方式，提高了工作效率和决策响应速度。同时，移动化和云平台也面临着一些挑战，如安全性、隐私保护和网络稳定性等方面的问题，需要采取相应的措施加以解决。

总之，油库信息管理系统的移动化和云平台应用是行业发展的趋势，将为油库管理人员提供更加灵活、高效和智能的工作方式，推动油库管理的现代化进程。

三、油库信息管理系统的数据分析和决策支持能力

油库信息管理系统的数据分析和决策支持能力是其关键功能之一。通过对大量油库数据进行收集、整理、分析和挖掘，系统可以提供有价值的信息和洞察，帮助管理人员做出更科学、更准确的决策。

数据分析方面，油库信息管理系统具备以下能力。

（1）数据采集与整合：系统能够实时采集来自各个设备和传感器的油库数据，包括液位、温度、压力等重要参数。这些数据会被集中存储并整合在系统中，以方便后续的数据分析和应用。

（2）数据清洗与处理：系统可以对采集到的数据进行清洗和处理，去除异常值、填补缺失数据，并进行数据归一化和转换，以保证数据的质量和准确性。

（3）数据挖掘与模式识别：利用数据挖掘技术，系统可以对历史数据进行分析和挖掘，从中发现隐藏的规律和趋势。例如，通过挖掘历史销售数据，系统可以预测不同油品的需求变化趋势。

（4）统计分析与预测建模：系统可以通过统计分析方法对数据进行建模和分析，运用回归、时间序列等方法进行趋势分析和预测。这样可以帮助管理人员了解油库运营的发展趋势，做出相应的决策。

决策支持方面，油库信息管理系统具备以下能力。

（1）可视化展示与报告生成：系统可以将数据分析结果以直观易懂的图表、仪表盘等形式展示出来，帮助管理人员快速了解关键指标和趋势变化。此外，系统还能够根据需要生成各类报告和数据摘要，用于决策参考。

（2）风险评估与预警提醒：系统可以基于数据分析的结果进行风险评估，并设置预警机制。一旦异常情况或风险超过设定的阈值，系统会自动发出警报通知，提醒管理人员及时采取行动。

（3）优化策略与决策建议：基于数据分析和模型计算，系统可以生成优化策略和决策建议。例如，系统可以通过分析库存数据和需求预测，给出最佳的采购计划和库存管理策略。

（4）实时监控与远程操作：通过与传感器设备的连接，系统可以实现对油库的实时监控和远程操作。管理人员可以通过系统远程查看油罐液位、温度等

状态，并根据实时数据做出相应的决策。

总之，油库信息管理系统的数据分析和决策支持能力为管理人员提供了全面、准确的信息和洞察，帮助他们做出更科学、更明智的决策。这有助于优化油库运营、降低风险并提升效率，对企业的发展具有重要意义。

四、油库信息管理系统与其他系统的集成与共享

（1）企业资源计划（ERP）系统：油库信息管理系统可以与企业的 ERP 系统进行集成，实现与财务、采购、库存等模块的数据交互。例如，从 ERP 系统读取供应商信息和采购订单，油库信息管理系统可以自动更新库存数据，并根据实际情况生成需求预测，以支持更好的供应链管理和库存控制。

（2）运输调度系统：油库信息管理系统可以与运输调度系统集成，实现对油品运输过程的监控和调度。通过集成运输调度系统，油库信息管理系统可以获取订单信息、运输车辆位置和配送路线等数据，优化运输计划并提供实时监控，以确保及时安全地完成配送任务。

（3）智能监测与故障诊断系统：油库信息管理系统可以与智能监测与故障诊断系统集成，实现对设备运行状态的远程监控和故障预警。通过集成智能监测与故障诊断系统，油库信息管理系统可以实时获取设备传感器数据、运行状态等信息，并根据预设的规则和算法进行故障诊断和提醒，帮助及时发现和解决设备问题。

（4）地理信息系统（GIS）：油库信息管理系统可以与 GIS 系统集成，实现地理位置信息与其他数据的关联分析。通过集成 GIS 系统，油库信息管理系统可以在地图上显示油库、管道网络等基础设施的位置和相关信息，并结合其他数据如客户信息、销售数据等进行空间分析、可视化展示和决策支持。

（5）客户关系管理（CRM）系统：油库信息管理系统可以与 CRM 系统集成，实现客户信息的共享和协同。通过集成 CRM 系统，油库信息管理系统可以获取客户订购要求、投诉反馈等信息，并与库存和供应链数据进行整合分析，以提供更好的客户服务和满足市场需求。

通过这些集成与共享，油库信息管理系统可以实现不同系统之间的数据流畅交互、资源共享和业务协同，提高企业管理效率和决策水平。同时，也为管理人员提供更全面、准确的信息支持，促进业务优化和市场竞争力的提升。

五、油库信息管理系统在环保和可持续发展方面的发展方向

（1）温室气体排放控制：油库信息管理系统可以通过数据采集和监测，帮助实时监控和评估温室气体的排放情况。系统可以与气体传感器、流量计等设备集成，实现对二氧化碳（CO_2）、甲烷等温室气体的监测和记录。同时，系统可以进行数据分析和建模，提供减排建议和方案，帮助企业控制和降低温室气体的排放。

（2）资源节约与回收利用：油库信息管理系统可以与废物处理设备和资源回收系统集成，实现废物的分类、处置和资源回收。系统可以监测废物产生量和处理过程中的各项参数，并进行数据分析和优化。通过系统的智能预测和优化调度，有效减少能源和物资的浪费，以及促进废弃物的循环利用。

（3）绿色能源应用：油库信息管理系统可以整合绿色能源技术，如太阳能、风能等，促进可再生能源在油库运营中的应用。系统可以监测和管理绿色能源设备的运行状态和发电量，以及配电和储能系统的效能。该系统还能与能源市场进行交互，优化能源供应和消耗，降低碳排放和对传统能源的依赖。

（4）环境风险监控与预警：油库信息管理系统可以通过集成环境监测设备和先进的数据分析技术，实现对环境风险的监控与预警。系统可以自动获取并处理环境监测数据，包括水质、空气质量等参数，并与事故报警系统集成。一旦检测到环境异常，系统将及时发出警示并触发相应的应急响应措施，以减少对环境的影响。

（5）现场安全管理与培训：油库信息管理系统可以提供现场安全管理和培训支持。系统可以整合安全监测设备和视频监控系统，帮助实现实时监控和安全巡检。此外，系统还可以提供在线培训课程和安全操作指南，加强员工的安全意识和应急响应能力。

第八章 油库安全法律法规与标准

第一节 油库安全管理的法律法规体系

一、《中华人民共和国安全生产法》

《中华人民共和国安全生产法》是中国的一部重要法律,旨在保障劳动者的生命安全和身体健康,防止和减少事故灾害的发生,促进安全生产工作的开展。以下是《中华人民共和国安全生产法》的主要内容。

(1)法律适用范围:适用于我国境内从事各类生产经营活动的单位、个体工商户以及其他相关组织和个人。

(2)安全生产责任:明确企业和单位对安全生产负有的管理责任,包括建立安全生产管理制度、配备专职或兼职安全生产管理人员等。

(3)安全生产许可证:规定特定行业和领域需要取得安全生产许可证方可从事生产经营活动,并规定了许可证的条件和程序。

(4)生产经营场所的安全:要求各类生产经营场所符合安全生产标准,采取必要的安全措施,确保设备设施、场所环境等安全可靠。

(5)劳动者的权益保护:规定劳动者有参与安全生产管理的权利,享有知情权、参与决策权和提起安全生产事故隐患的申诉权。

(6)安全生产教育培训:规定各类单位要加强对员工的安全生产教育培训,提高其安全生产意识和技能。

(7)安全生产事故应急救援:要求各级政府建立健全安全生产事故应急救援体系,及时有效地进行救援和处置。

(8)安全生产监督管理:明确了各级政府、监管机构和执法部门对安全生产的监督管理职责,加强事故隐患排查和整改。

（9）法律责任和处罚：规定违反安全生产法律法规的单位和个人将面临相应的行政处罚或者刑事追究。

《中华人民共和国安全生产法》是保障安全生产的重要法律基础，对于预防事故灾害、推动安全生产工作具有重要意义。各级政府、企业和个人应当严格遵守该法律法规，加强安全生产管理，确保劳动者的生命安全和身体健康。

二、《中华人民共和国危险化学品安全管理条例》

《中华人民共和国危险化学品安全管理条例》是我国危险化学品安全领域的重要法规，旨在保护人民群众的生命财产安全，防止和减少危险化学品事故的发生。以下是该条例的主要内容。

（1）法律适用范围：适用于我国境内生产、储存、使用、经营、运输等与危险化学品相关的活动。

（2）危险化学品分类与标识：规定了危险化学品的分类标准和标识要求，包括物质的毒性、燃爆性、腐蚀性等属性的确定及相应的标志、标签和说明。

（3）危险化学品安全许可证：对特定类型的危险化学品活动（如生产、储存、销售等）实行许可制度，并规定了许可证的申请条件和审批程序。

（4）危险化学品经营场所的安全要求：要求危险化学品经营单位建立健全安全管理体制，确保场所和设施符合安全要求，并加强风险评估和应急预案的制定与实施。

（5）危险化学品事故应急管理：规定危险化学品经营单位和使用单位要建立健全应急管理体系，定期组织演练，确保能够迅速、有效地应对事故发生。

（6）危险化学品事故报告和调查：要求事故发生后及时向相关部门报告，并进行调查研究，总结教训，采取措施避免类似事故再次发生。

（7）监督管理与执法责任：明确了各级政府和监管机构对危险化学品的安全管理职责，加强事前许可、事中监管和事后检查的力度，减少安全风险。

（8）法律责任和处罚：对于违反危险化学品安全管理条例的行为，规定了相应的行政处罚、刑事责任和民事赔偿等法律责任。

《中华人民共和国危险化学品安全管理条例》的实施，有助于规范危险化学品的生产、储存、使用和运输环节，提高危险化学品安全管理水平。各级政府、企事业单位和个人都应严格遵守该条例的要求，加强危险化学品的安全管理，确保人民群众的生命财产安全。

三、《中华人民共和国消防法》

《中华人民共和国消防法》是中国的一部重要法律，旨在加强和规范消防工作，保护人民群众的生命财产安全，预防和减少火灾事故的发生。以下是该法的主要内容。

（1）火灾防控责任：明确了各级政府、单位和个人对火灾防控工作负有的管理责任和义务，包括设置消防机构、配备消防设施、进行火灾风险评估等。

（2）消防设施设备与建筑设计：规定了各类建筑物、场所和设施应满足的消防标准和要求，包括建筑设计、电气设备、燃气设施、防排烟系统等。

（3）消防宣传教育：要求各级政府和单位加强火灾防治宣传教育，提高公众的消防安全意识和应急能力。

（4）火灾报警与应急救援：明确了火灾报警装置的设置要求，规定了火灾发生时的紧急救援措施和应急疏散预案的制定。

（5）火灾调查处理：要求对发生的火灾事故进行及时调查和处理，确定起火原因和责任，并提供相关技术支持和法律依据。

（6）火灾监督检查与执法：规定了各级政府消防机构对火灾防控工作的监督检查职责和依法行政的执法权力。

（7）法律责任和处罚：对违反消防法律法规的单位和个人，依法进行相应的行政处罚、刑事追究和民事赔偿等法律责任。

《中华人民共和国消防法》的实施，有助于加强火灾防控工作，保护人民群众的生命财产安全。各级政府、单位和个人都应认真履行消防安全管理责任，提高火灾防控能力，预防火灾事故的发生，确保社会的安全稳定。

四、《中华人民共和国环境保护法》

《中华人民共和国环境保护法》是中国的一部重要法律，旨在保护和改善环境质量，促进可持续发展。以下是该法的主要内容。

（1）环境质量目标：规定了国家和地方的环境质量目标，包括大气、水、土壤和噪声等方面的指标，以保障公众生态环境的健康。

（2）环境影响评价：要求对涉及环境的开发项目进行环境影响评价，并根据评价结果采取相应的防护措施或调整计划，确保环境保护与经济社会发展的协调。

（3）污染物排放控制：规定了工业、农业、能源等各行业的污染物排放标准和控制措施，包括大气污染物、水污染物、固体废物、危险废物等。

（4）生态环境保护：强调对自然生态系统的保护和恢复，保护生物多样性，加强对自然保护区和生态功能区的管理和监督。

（5）环境监测与信息公开：要求建立环境监测网络，及时收集、发布和公开环境监测数据，提供环境信息给公众，增强环境管理的透明度。

（6）环境保护责任与处罚：强调各级政府、企事业单位和个人对环境保护的责任，对违反环境保护法律法规的行为进行相应的行政处罚和刑事追究。

（7）国家与地方合作：鼓励国家和地方政府加强合作，共同推动环境保护工作，在资源利用、生态补偿、环境治理等方面形成协同效应。

《中华人民共和国环境保护法》的实施，推动了我国环境保护事业的发展和进步。各级政府、企事业单位和个人都应当严格遵守该法律法规，主动履行环境保护的责任，采取有效措施减少污染排放，促进绿色发展，建设美丽中国。

五、《中华人民共和国燃气安全条例》

《中华人民共和国燃气安全条例》是我国为确保燃气使用安全而颁布的法律条文，旨在规范燃气行业的安全生产、使用和管理，保护公众健康和生命财产安全。该条例于 2021 年 7 月 1 日起正式实施，下面将简要介绍该条例的主要内容。

《中华人民共和国燃气安全条例》从以下几个方面对燃气安全进行了全面规范。

（1）管理体制：条例明确了燃气安全的主管部门、监督管理机构和责任分工，强调地方政府在燃气安全工作中的重要作用。该条例进一步明确了市、县两级政府的安全生产监管责任，并加强了协同配合和信息交流机制。

（2）安全生产：条例对燃气供应、生产、运输和使用等环节的安全生产做了规范。包括加强燃气企业的安全生产管理，明确了燃气供应企业的安全责任，要求建立安全生产责任制，加强设备运行检测，确保设备、管网和使用燃气的设施符合安全要求。

（3）安全使用：条例规定了燃气使用的基本要求，包括要求用户使用合格的燃气设施和器具，禁止使用不符合安全要求的设施和器具。同时，条例还明确了用户的安全使用义务，要求用户遵守安全使用规则，定期检查和维护设施和器具，并及时报修。

（4）安全监管：条例对燃气安全监管做了明确规定，强调了监督检查和行政处罚的力度。监管部门要加强对燃气企业的监督检查，推动建立健全燃气安全监测预警和隐患排查制度。对于发现违法违规行为，将采取行政处罚措施，对严重违法行为将依法移交司法机关处理。

（5）事故处理：条例对燃气事故的处置和调查做出规范。要求建立完善的燃气事故应急预案，加强事故应急救援能力。同时，对于燃气事故的调查，强调要依法及时、客观、公正地进行，追究责任人的法律责任。

总之，《中华人民共和国燃气安全条例》通过明确责任、加强监管、强化安全生产和使用要求，为我国燃气行业的安全管理提供了法律依据。它对于确保燃气供应和使用安全，保护公众的生命财产安全，维护社会的稳定和秩序起到了重要的推动作用。

六、《中华人民共和国爆炸物品安全管理条例》

《中华人民共和国爆炸物品安全管理条例》是我国关于爆炸物品安全管理的重要法规，目的是确保爆炸物品的安全生产、储存、销售和使用，防止爆炸事故的发生。以下是该条例的主要内容。

（1）法律适用范围：适用于生产、储存、销售、运输、使用等与爆炸物品相关的活动。

（2）爆炸物品安全分类与标识：规定了爆炸物品的分类标准，并要求在包装和容器上进行相应的标记和标识，以便辨识其危险性和处理方式。

（3）安全许可证与备案：对从事爆炸物品生产、储存、经营等活动的单位实行许可证制度，并规定了许可的申请条件、程序和安全管理要求；同时，对少量爆炸物品的生产、销售等活动实行备案制度。

（4）生产、储存、销售场所的安全要求：要求爆炸物品的生产、储存、销售场所符合安全要求，采取必要的防火、防爆措施，配备必要的消防设施和应急救援措施。

（5）运输安全管理：要求爆炸物品的运输符合相关法规，采取必要的包装、标识和保护措施，确保运输过程中的安全。

（6）事故应急管理与报告：要求单位建立健全的事故应急预案，及时报告爆炸事故发生，并采取措施进行救援和善后处理。

（7）监督管理与执法责任：明确了各级政府和监管部门对爆炸物品安全管理的职责和权力，加强对企业的监督检查和执法力度，确保安全管理的有效实施。

（8）法律责任和处罚：对违反爆炸物品安全管理条例的行为，规定了相应的行政处罚、刑事责任和民事赔偿等法律责任。

《中华人民共和国爆炸物品安全管理条例》的实施，有助于规范爆炸物品的生产、储存、销售和使用活动，提高爆炸物品安全管理水平。单位和个人都应遵守该条例的要求，加强对爆炸物品的安全管理和风险防控，保障公众的生命财产安全。

第二节　油库安全管理的标准和规范

一、GB 50156-2012《石油化工企业安全管理制度与程序》

GB 50156-2012《石油化工企业安全管理制度与程序》是中国国家标准，用于规范石油化工企业的安全管理工作，保障人员生命安全和财产安全。以下是该标准的主要内容。

（1）安全管理制度建设：要求石油化工企业建立健全安全管理制度，包括领导责任、组织机构、安全目标、职责分工等方面的规定。

（2）风险评估与管理：规定了石油化工企业应进行风险评估，并根据评估结果采取相应的控制措施，防范和减少事故发生的风险。

（3）设备安全管理：对石油化工企业的设备进行安全管理，包括设计、采购、安装、运行、维护等各个环节，确保设备的安全可靠性。

（4）巡检与监测：明确了石油化工企业巡检与监测的内容和要求，包括设备状态监测、安全设备巡检等，以及相应记录和报告的要求。

（5）应急管理与演练：要求石油化工企业制定应急预案，建立应急救援队伍，定期进行应急演练，提高事故应对和处置能力。

（6）培训与教育：要求石油化工企业加强员工的安全教育培训，提高员工的安全意识和应急响应能力。

（7）事故调查与分析：对发生的事故进行调查和分析，确定事故原因，并提出相应的改进措施，防止类似事故再次发生。

（8）监督检查与法律责任：规定了政府、监管部门对石油化工企业安全管理工作的监督检查职责，并明确了违反安全管理制度的法律责任和处罚。

GB 50156-2012《石油化工企业安全管理制度与程序》的实施，有助于提高石油化工企业的安全管理水平，减少事故的发生，并保护人员生命安全和财产安全。石油化工企业应认真遵守该标准的要求，不断完善和改进安全管理制度与程序，确保企业的健康可持续发展。

二、GB/T 19001-2016《质量管理体系要求》

GB/T 19001-2016《质量管理体系要求》是中国国家标准，基于国际标准 ISO 9001：2015 版本进行了调整和修订，旨在指导组织建立、实施和改进质量管理体系，提高组织的综合质量管理能力。以下是该标准的主要内容。

（1）质量管理体系的要求：规定了质量管理体系的基本要素，包括质量的原则、目标、范围、过程方法等，要求组织建立和实施适合自身的质量管理体系。

（2）领导责任：明确了组织领导层对质量管理体系的重要性和作用，要求领导层制定质量方针和目标，并承担质量管理体系的推动和监督责任。

（）资源管理：要求组织合理分配资源，包括人员、设备、环境等，以满足质量管理体系的实施要求。

（4）过程管理：要求组织建立和管理各个关键过程，包括计划、执行、监控、评审和改进等环节，以确保产品和服务符合质量要求。

（5）输出结果的控制：要求组织对产品和服务的质量进行控制和验证，确保其符合客户需求和法律法规的要求。

（6）绩效评价与持续改进：要求组织通过内部审核、管理评审等方式对质量管理体系进行评价和持续改进，提高质量管理的效能。

（7）客户满意度：强调了组织应关注客户需求和期望，通过提供满足客户要求的产品和服务来提高客户满意度。

（8）供应商管理：要求组织对供应商进行选择、评估和监控，确保供应商的产品和服务符合质量要求。

GB/T 19001-2016《质量管理体系要求》的实施有助于组织实现卓越的质量管理，并不断提升产品和服务的质量水平。企业应根据该标准的要求，建立完善的质量管理体系，并持续改进以满足客户需求，提高市场竞争力。

三、GB/T 24001-2016《环境管理体系要求及应用指南》

GB/T 24001-2016《环境管理体系要求及应用指南》是我国发布的标准，用于指导企业建立和实施环境管理体系（EMS），以达到环境保护和可持续发展的目标。该标准于 2016 年发布，下面将简要介绍该标准的主要内容。

GB/T 24001-2016 标准划分了环境管理体系的要求和应用指南两个部分。

（1）环境管理体系要求部分：该部分规定了企业建立和实施环境管理体系的基本要求。包括确定组织的环境政策和目标、确定环境管理的职责和权限、进行环境方面的规划、实施环境管理措施、监测环境绩效、管理环境相关的信息、进行内部和外部环境审计、改进环境管理体系等。该部分的要求基于"PDCA 循环"管理模式，即计划、实施、检查和改进，帮助企业不断提高环境绩效，达到环境保护的目标。

（2）环境管理体系应用指南部分：该部分提供了对环境管理体系要求的解释和应用指南。包括对环境管理原理和方法的介绍，对环境管理体系规划、实施、监督和评价的具体指导。同时，该部分还提供了一些示例和案例分析，帮助企业理解和应用标准的要求，以便更好地建立和管理环境管理体系。

GB/T 24001-2016 标准的发布对于企业建立和实施环境管理体系具有重要的指导意义。它帮助企业构建规范的环境管理体系，改善环境绩效，减少环境污染和资源浪费，提高企业的竞争力。同时，该标准的应用也有助于企业与外部利益相关者（如政府、客户、社会公众）建立信任和合作关系，为可持续发展做出贡献。

总之，GB/T 24001-2016《环境管理体系要求及应用指南》通过规定环境管理体系的要求和提供应用指南，为企业实施环境管理提供了指导和参考，促进了环境保护和可持续发展。

四、GB/T 28001-2011《职业健康安全管理体系》

GB/T 28001-2011《职业健康安全管理体系》是中国国家标准，用于指导组织建立、实施和改进职业健康安全管理体系，保护员工的身体健康和工作安全。以下是该标准的主要内容。

（1）职业健康安全管理体系概述：介绍了职业健康安全管理体系的定义、目标和原则，强调了组织领导层对体系的重要性和作用。

（2）领导责任与承诺：要求组织的领导层树立职业健康安全的重要性，并通过制定政策、分配资源等方式，承担起职业健康安全管理的领导责任。

（3）规划与评估：要求组织进行职业健康安全的规划和评估工作，包括识别和评估风险、制定目标和计划等，确保提供安全的工作环境。

（4）实施与运营：要求组织采取措施控制和管理职业健康安全风险，包括培训教育、事故预防、应急处理等方面，确保员工的安全和健康。

（5）检查与纠正措施：要求组织进行职业健康安全体系的监测、内部审查和改进工作，及时发现问题并采取纠正措施。

（6）管理评审与持续改进：要求定期进行职业健康安全管理体系的管理评审，以确保其有效运行，并通过持续改进提高职业健康安全绩效。

（7）供应商与承包商管理：要求组织对供应商和承包商进行评估和管理，确保他们的工作符合职业健康安全要求。

（8）法规合规与沟通：要求组织遵守适用的职业健康安全法规和其他要求，并加强内外部沟通，共享职业健康安全信息和经验。

GB/T 28001-2011《职业健康安全管理体系》的实施有助于组织确保员工的职业健康与安全，降低事故和职业病的风险。企业应根据该标准的要求，建立健全的职业健康安全管理体系，并不断改进，为员工提供一个安全、健康的工作环境。这不仅有利于员工的身体健康和生命安全，也有助于提高企业的经营效益和社会形象。

五、GB 50325-2001《石油储罐设计规范》

GB 50325-2001《石油储罐设计规范》是中国的国家标准，用于指导石油储罐的设计和建设，确保其安全可靠。该标准适用于石油、石化及相关行业的贮存罐。

该标准主要包括以下内容。

（1）规范概述：介绍了该标准的适用范围、术语和定义，以及设计过程中需要考虑的因素。

（2）基本原则与要求：强调了设计应遵循的基本原则，包括安全性、可靠性、经济性等，并提出了设计应符合的基本要求。

（3）罐体结构设计：规定了储罐壁板、顶板、底板等结构件的设计要求，包括承载能力、密封性能、防腐措施等。

（4）地基基础设计：详细描述了储罐地基基础的设计要求，包括地基类型选择、承载力计算、基础稳定性等。

（5）罐顶设计：涵盖了罐顶平台、声波板、避雷装置等部分的设计要求，以确保罐顶的工作稳定和安全性。

（6）罐底设计：规定了罐底结构设计的要求，包括圆形罐底、扁平罐底、锥形罐底等,以及相应的支撑结构和防腐措施。

(7)抗风设计:提供了针对储罐抗风设计的方法和准则,包括风荷载计算、结构抗风能力等。

(8)焊接与检验:对于焊接工艺、焊缝质量要求以及储罐的无损检测等进行了规定。

GB 50325-2001《石油储罐设计规范》的实施有助于确保石油储罐的安全性和可靠性,降低事故风险。企业在建造和使用石油储罐时,应严格按照该标准的要求进行设计和施工,并定期进行检验和维护,以确保储罐的正常运行和环境安全。同时,相关部门也应加强监管,确保石油储罐符合标准要求,保障公众的安全利益。

六、GB 50259-1996《石油化工建筑工程施工质量验收规范》

GB 50259-1996《石油化工建筑工程施工质量验收规范》是我国针对石油化工建筑工程施工质量进行验收的标准规范。该标准于1996年发布,下面将简要介绍该标准的主要内容。

GB 50259-1996标准主要包括施工质量验收的一般规定、验收程序、验收依据、验收内容和验收方法五个部分。

(1)施工质量验收的一般规定:该部分规定了施工质量验收的目的和任务、参与单位和责任、验收程序和结果的处理等。它要求施工单位按照合同、图纸和技术要求进行施工,并按照验收标准进行质量验收。

(2)验收程序:该部分规定了施工质量验收的程序。包括设计文件审查、计量器具检定、基础和结构工程验收、设备和管道工程验收、室内装饰和电气工程验收、竣工验收等。每个程序都有相应的验收依据和内容。

(3)验收依据:该部分规定了施工质量验收的依据。主要包括法律、法规、技术标准、施工方案、设计文件等。这些依据对于施工单位和验收人员进行验收具有重要的指导作用。

(4)验收内容:该部分规定了施工质量验收的内容。包括基础和结构工程的验收内容、设备和管道工程的验收内容、室内装饰和电气工程的验收内容等。

对每一项内容都有详细的要求和标准。

（5）验收方法：该部分规定了施工质量验收的方法。包括目测法、检查和试验法、抽样和测量法等。这些方法对于评判施工质量是否合格具有重要的作用。

GB 50259-1996《石油化工建筑工程施工质量验收规范》的发布对于保障石油化工建筑工程的施工质量具有重要的意义。它明确了施工质量验收的程序和要求，对工程质量进行全面检查，确保工程符合设计要求和技术规范。同时，该标准的应用也有助于提升施工单位的技术水平，减少质量问题和事故的发生，提高石油化工建筑工程的品质和可靠性。

总之，GB 50259-1996《石油化工建筑工程施工质量验收规范》通过规定施工质量验收的程序、依据、内容和方法，为石油化工建筑工程的质量验收提供了具体的规范和指导，确保了工程质量符合要求。

第三节　油库安全管理的相关政策与措施

一、油品储存、运输和使用安全管理相关政策

油品储存、运输和使用安全管理是保障能源行业和社会安全的重要环节。以下是一些与油品储存、运输和使用安全管理相关的政策。

（1）油行业安全生产法律法规：包括《中华人民共和国矿山安全法》《中华人民共和国危险化学品安全管理条例》等，对石油行业的安全管理提出了具体要求。

（2）液化气安全管理规定：涉及液化石油气的储存、运输和使用安全管理，监管部门针对液化气行业制定了相关的管理规定，提出了安全生产、设备检验、应急救援等方面的要求。

（3）储罐安全管理规定：涉及石油储罐的建设、使用和维护管理，包括储罐设计规范、施工安全技术规范等。

（4）运输安全管理规定：涉及石油产品运输过程中的安全管理，包括道路、

铁路、水路和管道运输的安全要求，要求运输企业和从业人员遵守交通法规，确保油品运输安全。

（5）油品使用安全管理规定：涉及石油产品的使用场所，包括加油站、工业企业等，要求加油站安全设施完善，操作规程规范，重点关注防火、泄漏和应急管理等方面。

（6）油品事故应急预案：相关部门制定了油品事故应急处理预案，明确了各方责任和应急响应措施，以确保在油品事故发生时能够迅速、有效地进行处置和救援。

（7）监管执法机构的职责：涉及油品储存、运输和使用安全管理的监督检查和执法任务，相关部门设立专门的机构负责监管和执法工作，对违规行为进行处罚和整改。

这些政策的实施旨在加强油品储存、运输和使用环节的安全管理，减少事故风险，保护人民生命财产安全和环境。企业应按照相关政策和标准要求，加强安全管理，做好设备维护与检修，培训员工安全意识，提升油品储存、运输和使用的安全可靠性。

二、环境保护与排污治理政策

环境保护与排污治理政策是指国家、地方政府为了保护环境和改善生态环境，制定和实施的一系列政策和措施。环境保护与排污治理政策旨在减少和控制污染物的排放，保护空气、水体和土壤的质量，降低环境污染对人类健康和生物多样性的影响。下面将介绍中国环境保护与排污治理政策的主要内容。

首先，中国政府出台了一系列法律法规，如《中华人民共和国环境保护法》《水污染防治法》《大气污染防治法》等。这些法律法规明确了环境保护的原则和目标，规定了各方的责任和义务，建立了污染物排放的标准和限值。

其次，中国政府实施了排污许可制度。根据该制度，企业需要获得相应的排污许可证才能进行生产经营活动。政府通过对企业进行审批和监督，控制和管理污染物的排放行为，强化对高污染企业的监管，促使其采取有效的治理措施。

再次，中国政府鼓励和支持绿色发展和循环经济。推动企业进行清洁生产和资源节约利用，提倡绿色技术和清洁能源的应用，鼓励企业实施节能减排，提高资源利用效率，减少对环境的负面影响。

从次，中国政府大力推进生态环境保护工作。加强生态环境保护监管，强化生态环境修复和生态补偿机制，推动实施重点生态功能区保护政策，建设生态文明示范区，保护重要生态系统和生物多样性。

最后，中国政府加强环境执法和监管。建立健全环境监测网络，加强环境执法力量，严厉打击和处理环境违法行为，提高环境执法的效力和公信力。

总之，中国环境保护与排污治理政策包括建立法律法规体系、实施排污许可制度、推进绿色发展、加强生态环境保护以及加强环境执法和监管等方面。这些政策的实施对于改善环境质量、保护生物多样性和人类健康具有重大意义，也有助于推动中国可持续发展和建设美丽中国的目标实现。

三、危险化学品存储和运输管理政策

危险化学品存储和运输管理政策是国家针对危险化学品存储和运输环节制定的管理措施，目的是确保危险化学品的安全存储和运输，预防化学品事故的发生，保障公众和环境的安全。下面将介绍中国危险化学品存储和运输管理政策的主要内容。

首先，中国政府对危险化学品存储和运输进行了分类管理，依据危险性级别和化学品种类，将危险化学品划分为不同的类别，为每一类别制定了相应的管理要求。同时，根据危险程度的不同，对危险化学品设立了安全防范区域，建立了危险化学品安全责任分级制度,将安全责任明确分工给相关单位和个人。

其次，中国政府规定了危险化学品企业的准入制度，对危险化学品生产企业、经营企业、储存企业等进行许可和备案管理。企业需要符合相关的技术标准和规范要求，建立完善的安全生产管理体系，确保企业设施、设备和操作符合安全标准，提供相应的应急救援措施和人员培训。

再次，中国政府加强了危险化学品的监管和监督，建立了危险化学品信息管理系统和追溯体系，实行危险化学品统一标识和标签制度，要求企业将产品信息进行登记和报告。监管部门对生产、流通、使用和存储环节进行监督检查和随机抽查，发现问题及时进行整改和处理。

最后，中国政府规定了危险化学品运输的要求和标准。通过制定危险化学品运输管理办法和技术规范，规范危险化学品的包装、装卸、装运和运输车辆的要求。要求危险化学品运输企业具备相应的许可证，车辆必须符合安全要求，驾驶员必须经过专门培训并持有证书。此外，对危险化学品运输路径、时间和数量进行严格的控制和管理。

总之，中国危险化学品存储和运输管理政策包括分类管理、准入制度、监管和监督以及运输要求和标准等方面。这些政策的实施对于预防危险化学品事故的发生，保护生命财产安全，维护社会稳定和环境安全具有重要意义。同时，政府和企业需要共同努力，加强宣传教育，提高危险化学品管理水平，确保危险化学品存储和运输的安全可控。

四、消防安全管理政策和措施

消防安全管理政策和措施是指国家制定的用于保障建筑物和公共场所消防安全的管理政策和措施。下面将介绍中国消防安全管理政策和措施的主要内容。

首先，中国政府规定了建设工程消防设计和验收的要求。根据建筑物的用途、结构和规模，制定了相应的消防设计标准，要求建筑业主和设计单位在建造过程中按照这些标准进行设计和施工。建成后，需要经过消防验收，确保建筑物的消防设施和设备符合要求。

其次，中国政府强化了消防设施和设备的维护管理。建筑物所有人或管理单位要负责消防设施和设备的维护和保养，定期进行巡查和检修，确保其正常运行。政府部门会进行不定期的消防安全检查，发现问题及时进行整改和处理。

再次，中国政府推行了消防宣传教育和培训工作。通过开展消防安全知识培训、模拟演练和宣传活动，提高公众和从业人员的消防安全意识和应急处理能力。在学校、企事业单位和居民区等场所普及消防安全知识，提供相关消防安全手册和宣传资料。

最后，中国政府强调建立健全消防安全责任制。建筑物所有人、管理单位和相关责任人要承担起消防安全的主体责任，要制定消防安全管理制度和应急预案，组织消防演练和组织消防安全培训。同时，政府对重点建筑物和公共场所进行定期的消防安全检查和评估，督促其履行消防安全责任。

总之，中国消防安全管理政策和措施是多层次、多方面的，旨在确保建筑物和公共场所消防安全，预防火灾事故的发生，减少人员伤亡和财产损失。政府、企事业单位和公众都需要共同努力，增强消防安全意识，守法守规，积极参与消防安全工作，共同营造安全稳定的社会环境。

五、爆炸物品安全管理政策和措施

爆炸物品安全管理政策和措施是国家为了保障爆炸物品使用和储存过程中的安全而制定的政策和措施。下面将介绍中国爆炸物品安全管理的主要政策和措施。

首先，中国政府规定了爆炸物品的分类和管理标准。根据爆炸物品的危险性、用途和储存量，将其分为不同等级，并制定相应的管理标准。针对不同等级的爆炸物品，要求生产、销售和使用单位严格按照相关规定进行申请和审批。

其次，中国政府建立了爆炸物品的安全许可制度。任何单位或个人在生产、销售和使用爆炸物品前，必须经过相应的安全许可程序，获得许可证才能进行相关活动。政府部门会对申请进行审核，确保申请单位具备必要的技术和设施，并进行现场检查和评估。

再次，中国政府要求爆炸物品生产、销售和使用单位建立完善的管理制度和操作规程。这些制度和规程包括爆炸物品的入库、出库、运输和使用等环节的安全管理要求，保证爆炸物品的安全存放和使用。单位必须设立专门的爆炸物品管理人员，定期进行安全培训和演练，提高员工的安全意识和应急处理能力。

从次，中国政府加强了对爆炸物品的监督和检查。相关部门会定期对生产、销售和使用单位进行随机检查和现场检验，发现问题及时进行整改和处理。对违反法律法规的单位，将按照相关法律程序进行处罚。

最后，中国政府加大了对爆炸物品的宣传教育工作。通过电视、广播、互联网和宣传资料等方式，普及爆炸物品的危险性和安全使用知识，提醒公众注意爆炸物品的安全风险，并指导公众如何正确处理突发事故。

总之，中国爆炸物品安全管理政策和措施旨在确保爆炸物品的安全生产、销售和使用，减少事故发生的可能性，最大限度地保护人员的生命和财产安全。政府、企事业单位和公众都需要共同努力，加强安全管理，严格执行相关规定，共同营造安全稳定的社会环境。

六、应急管理和突发事件处理政策

应急管理和突发事件处理政策是国家为了保障公众安全和维护社会稳定而制定的政策和措施。下面将介绍中国应急管理和突发事件处理的主要政策和措施。

首先，中国政府建立了由国家、省、市、县四级应急管理机构组成的应急管理体系。各级应急管理机构负责制定和实施应急预案、组织应急演练和指挥协调突发事件的处置。各级政府要加强对应急管理机构的组织领导和资源保障，确保应急响应机制的顺畅运行。

其次，中国政府要求各行业、企事业单位建立健全的应急管理制度和预案。各行业要根据自身特点和风险程度，制定相应的应急管理制度和预案，并将其纳入日常管理和运营流程中。各单位要加强应急准备，建立应急物资储备和设备维护体系，提高应急处置能力和应急响应速度。

再次，中国政府加强了应急救援力量和队伍建设。指定专门的应急救援机构和队伍，配备专业的应急救援人员，提供培训和技术支持。政府会定期组织应急救援演练和评估，提高队伍的应急处置能力和协同作战能力。

从次，中国政府加强了对突发事件的监测和预警工作。建立了多层次的突发事件监测和预警系统，通过各种途径和手段监测和分析突发事件的发生趋势和可能风险。一旦发现潜在的突发事件，及时发布预警信息，启动应急响应机制，组织相关部门和人员做好应急处置准备。

最后，中国政府注重突发事件的信息发布和舆情引导。加强与媒体的合作，及时准确地发布突发事件的相关信息，主动回应公众关切。同时，积极引导舆论，防止谣言和不实信息的传播，稳定社会秩序，维护社会稳定。

总之，中国应急管理和突发事件处理政策和措施旨在保障公众安全、维护社会稳定。政府、企事业单位和公众都需要共同努力，增强应对突发事件的能力和意识，加强应急管理，提高应急处置水平，共同应对各种突发事件的挑战，确保人民群众生命财产安全和社会稳定。

第四节 油库安全法律法规与标准的执行与监督

一、国家安全生产监督管理部门的执行与监督

国家安全生产监督管理部门是负责执行和监督国家安全生产工作的机构。下面将介绍中国国家安全生产监督管理部门的主要职责和执行与监督工作。

首先，国家安全生产监督管理部门负责制定和实施安全生产政策和法规。他们要对各类安全生产工作进行研究和制定政策法规，并加强对各地区、各行业安全生产工作的指导和协调。他们会制定并发布安全生产标准和规范，提供技术指导和培训，确保企事业单位能够按照安全标准履行生产经营义务。

其次，国家安全生产监督管理部门负责对企事业单位进行安全生产监督检查。他们会根据法律法规和安全标准，定期或不定期对企事业单位进行检查，了解其安全生产状况和存在的隐患，并提出整改要求。他们还会对特定行业和领域的企事业单位进行专项安全检查，加强对重点企业的监管。

再次，在发生重大安全事故或突发事件时，国家安全生产监督管理部门负责组织应急处置工作。他们会立即启动应急响应机制，调集应急救援力量和资源，组织指挥安全事故的处置工作，最大限度地减少损失和影响。同时，他们会进行事故调查，查明事故原因，并根据调查结果追究相关责任。

从次，国家安全生产监督管理部门还负责安全生产信息公开和舆情引导。他们会及时发布安全生产信息和相关数据，向公众提供安全生产知识和预防措施。他们也会积极引导舆论，防止谣言和不实信息的传播，稳定社会情绪，维护社会稳定。

最后，国家安全生产监督管理部门会加强与相关部门和社会组织的合作与协调。他们会与公安、消防、应急管理等部门建立紧密联系，共同开展安全生产工作。同时，他们会加强与行业协会、企事业单位的合作，鼓励企业建立健全自身的安全管理体系，共同推动安全生产工作的开展。

总之，国家安全生产监督管理部门在执行和监督工作中，负责制定安全生产政策和法规、监督企事业单位的安全生产工作、组织应急处置、信息公开和舆情引导以及加强与相关部门和组织的合作。他们的目标是保障公众安全，预防和控制事故的发生，确保人民群众的生命财产安全。

二、地方政府相关部门的执行与监督

地方政府相关部门的执行与监督是确保政策法规有效实施和公共事务有序推进的重要环节。以下是地方政府相关部门的具体职责和监督方式：

行政执行职责：地方政府相关部门负责执行中央政府制定的法律、法规和政策，并制定本地区的具体实施细则。他们负责监督各类行政事务，如危险化学品管理、环境保护、城市规划和工商注册等，并在实践中解决相关问题。

经济发展规划管理：地方政府相关部门负责制定和执行本地区经济发展规划和产业政策。他们对本地区的经济情况进行分析评估，提出发展战略和政策措施，推动产业升级和创新发展。同时，他们也负责监督和评估已实施的经济政策的效果，及时调整和优化政策措施。

社会事务管理与监督：地方政府相关部门负责管理和监督教育、卫生、社会保障等社会事务。他们制定并执行相关政策，监督公共服务的提供，确保教育、医疗、社会保障等领域的公平和质量。

公共安全管理与监督：地方政府相关部门负责公共安全的管理与维护。他们制定并实施各类安全规章制度，如消防安全、食品安全、交通安全等，并通过加强监督检查，提高公众安全意识，预防事故和突发事件的发生。

资源环境保护管理：地方政府相关部门负责本地区的资源环境保护和治理工作。他们负责制定和执行相关政策和措施，加强对水、大气、土壤等资源环境的监测和评估，推动节能减排和循环利用，保护生态环境的可持续发展。

监督方式：地方政府相关部门通过多种方式进行监督，包括执法检查、行政审批、监测评估、舆情回应等。他们通过日常巡查、定期检查、专项整治等手段，监督企业和个人遵守法律法规，保障公众权益和社会稳定。

为了确保地方政府相关部门执行与监督的有效性，他们需要加强内部管理和协作，提高工作效率和服务水平。同时，公众也可以通过举报投诉、参与社会评议等途径，对地方政府相关部门的执行情况进行监督，推动政府部门更好地履行职责，服务社会大众的需求。

三、油库企业内部安全管理制度和责任人的执行与监督

油库企业内部安全管理制度是确保油库运营安全和预防事故发生的关键。同时，责任人的执行与监督也起到了至关重要的作用。以下是油库企业内部安全管理制度和责任人执行与监督的相关方面：

内部安全管理制度：油库企业应建立完善的内部安全管理制度，包括安全生产责任制、岗位责任制、标准操作规程、应急预案等。这些制度旨在明确每个岗位的职责和操作流程，加强从业人员的安全意识和技能培训，确保安全措施的科学有效实施。

安全设备与装备：油库企业应配备必要的安全设备和装备，如火灾报警系统、泄漏检测设备、消防设备等，并及时进行维护和更新。责任人应确保设备和装备的正常运行，定期检查和测试其可靠性。

安全操作管理：油库企业应规范操作程序和操作规范，包括储罐的填充、车辆的进出、油品转运等。责任人应对操作人员进行培训和考核，确保每个环节都按照规定进行操作，减少事故的发生风险。

安全检查与巡视：责任人应定期进行安全检查和巡视，对油库设施、设备和作业岗位进行审核和评估。发现问题和隐患时，要及时采取有效的措施予以整改，确保安全隐患得到消除。

应急预案实施：油库企业应编制完善的应急预案，并进行定期演练和培训。责任人要确保预案的及时修订和更新，并在突发事件发生时迅速组织应急处置

工作，最大限度地减少损失和危害。

内部监督与评估：责任人应进行内部监督和评估，包括对安全管理制度的执行情况、安全设备的运行状况和员工的安全意识等方面进行检查和考核。同时，还可以通过开展安全知识培训、举办安全技能竞赛等方式提高员工的安全意识。

外部监督与检查：油库企业还需要接受政府主管部门的外部监督与检查。相关部门会对油库企业的安全管理制度、安全设备装备、作业过程等方面进行现场检查和评估，确保其符合法规和标准要求。

油库企业的内部安全管理制度和责任人的执行与监督需严格落实，确保安全措施得到有效执行。只有加强内部监管和外部检查，才能最大限度地减少事故发生的风险，保障员工和公众的生命财产安全。

四、第三方机构进行的安全评估、审核和监督

第三方机构进行的安全评估、审核和监督在各个领域中起到了重要的作用，包括工业、建筑、食品、能源等。以下是关于第三方机构在安全评估、审核和监督方面的主要职责和作用。

安全评估：第三方机构可以对企业或项目进行全面的安全评估，评估其在设计、施工和运营过程中可能存在的安全隐患和风险，并提出改进措施。通过专业的技术手段和客观的评估方法，第三方机构能够提供独立的安全评估结果，帮助企业发现潜在的问题并采取相应的措施。

安全审核：第三方机构可以对企业的安全管理制度、操作规范和应急预案等进行审核，以确保其符合法律法规和标准要求。通过审核，第三方机构可以提供具备公信力的审核结果，对外界证明企业在安全管理方面的合规性。

安全监督：第三方机构可以对企业的安全管理实践进行监督，确保其按照相关要求进行安全生产和操作。通过定期的监督检查和抽样调查，第三方机构能够发现企业在安全管理方面的不足之处，并提出改进建议。这种监督机制可以有效地推动企业改进安全管理，提高整体的安全水平。

专业技术支持：第三方机构通常由一批专业的技术人员组成，具备丰富的行业经验和专业知识。他们可以为企业提供专业的安全技术支持，在安全设计、风险评估、安全培训等方面提供咨询和指导。通过与第三方机构的合作，企业能够借助其专业知识和经验，提升自身的安全管理水平。

反馈与改进：第三方机构会及时向企业反馈评估、审核和监督结果，并提出改进意见。这些反馈可以帮助企业识别并解决安全管理中存在的问题，进一步提高安全绩效。此外，第三方机构还可以根据实际情况对企业的改进措施进行跟踪检查，确保改进措施的有效实施。

总之，第三方机构的安全评估、审核和监督能够为企业提供独立、客观的安全评价，帮助企业发现和解决安全管理中存在的问题。通过与第三方机构的合作，企业能够提升自身的安全水平，减少事故风险，保障员工和公众的安全。

五、公众和媒体的监督和舆论监管

公众和媒体的监督和舆论监管在社会中起到至关重要的作用，对于推动政府、企业和组织依法履职、保障公共利益具有重要意义。以下是关于公众和媒体监督与舆论监管的主要方面。

监督公共事务：公众作为社会的一部分，有权利和责任监督公共事务的进行。公众通过举报投诉、参与公共听证会、开展社会调查等方式可以揭示问题、提出建议，并推动政府和相关机构改进决策和行动。公众监督的力量可以有效地约束行政行为，确保公共事务合理、公正和透明。

监管媒体角色：媒体作为信息传播的主要渠道，扮演着监督和舆论引导的重要角色。媒体通过报道新闻事件、揭露腐败、批评不当行为等方式，及时向公众传递信息，监督政府和各类组织的管理行为，促使其依法履职。同时，媒体应自觉遵守职业道德和行业规范，确保信息的准确性和客观性，避免虚假报道和恶意造谣。

舆论监管：公众和媒体的舆论监管通过对问题进行关注、讨论和评价，推动社会舆论形成，影响决策者和相关机构的行动。公众和媒体可以通过发表文章、举办讲座、社交媒体等方式，引导舆论关注重大问题、推动社会进步。舆论监管可以促使决策者更加负责任地行使权力,并帮助纠正错误决策和不当行为。

建立信任与问责机制:公众和媒体的监督和舆论监管有赖于建立相互信任和有效的问责机制。政府、企业和组织应主动接受公众和媒体的监督,并及时回应公众关切和质疑。同时,建立健全的反馈渠道和投诉机制,提高信息透明度和问责效能,增强公众和媒体的监督能力。

法律保障与监管机构:在公众和媒体的监督和舆论监管中,法律和监管机构起到重要作用。法律应确保公众和媒体依法行使监督权利,保护言论自由,并对恶意造谣、侵犯他人名誉等行为进行惩治。监管机构应加强对媒体市场的监管,维护公众的知情权和表达权。

公众和媒体的监督和舆论监管有助于推动社会进步和改革发展。它们可以促使决策者更加关注公共利益,增强政府和各类组织的透明度和责任感,提高决策的科学性和合理性,维护社会公正和稳定。同时,应确保监督和舆论监管的过程中遵循事实真实、客观公正的原则,维护媒体的独立性和多样性是确保公众和媒体监督的重要基础。政府应该遵循法治原则,保障媒体的言论自由和新闻报道的客观性,不干预和限制媒体的职责和权力行使。同时,鼓励和支持媒体的多样性发展,提供公平的市场竞争环境,防止媒体垄断和信息操纵。

然而,舆论监管也需要注意一些问题。首先,舆论监管应坚持事实真实、客观公正的原则,避免利用舆论进行恶意攻击和造谣传播。其次,媒体和公众的舆论监管需要理性、有序进行,避免过度夸大和歧视性言论,确保对多元声音的包容和尊重。最后,监管机构应依法行使职权,严格按照法律规定对违法行为进行处理,保护新闻从业人员的合法权益。

总之,公众和媒体的监督和舆论监管对于维护社会稳定、推动公共利益具有重要作用。良好的监督和舆论监管机制有助于建立公正、透明的社会秩序,激发社会活力和创新能力。政府、媒体和公众应共同努力,加强合作,确保监督和舆论监管的有效实施,为社会的良性发展提供有力支持。

六、监察机关对违法违规行为的执法和追责

监察机关作为国家法律监督的专门机构,承担着对违法违规行为的执法和

追责任务。其目的是维护社会秩序，保障公共利益，推动廉洁政府建设和反腐败工作。以下是关于监察机关对违法违规行为的执法和追责的主要方面。

法律依据与职责：监察机关的执法和追责工作基于相关法律法规，如《监察法》等，并充分发挥自身职能和权限。监察机关负责监督公职人员、国有企事业单位、公共机构等的行为，对违法违规行为进行调查、审查、处罚和司法追究。

预防与打击违法行为：监察机关通过加强预防机制和监督检查，促使公职人员依法履职、廉洁从政，减少违法违规行为的发生。同时，对于已经发生的违法行为，监察机关将采取有效措施，依法打击违法犯罪行为，保护社会利益。

调查处理程序：监察机关进行违法违规行为的调查处理时，应确保程序公正、透明。它们通常会依法进行取证、开展调查，听取当事人和相关证人的陈述，收集相关证据，并根据事实认定违法行为的性质和情节，决定追究责任的方式和程度。

处罚措施与司法追究：监察机关对于违法违规行为的处理，可以采取多种措施，如警告、严重警告、降职、撤职、开除等行政处分措施，同时可以移交给司法机关进行刑事追究。这取决于违法行为的性质、情节和造成的后果。

信息公开与问责机制：监察机关应建立健全信息公开制度，及时向社会公布执法案件的调查结果和处理决定，增加公众监督力度。同时，建立问责机制，确保监察机关自身的依法行使权力和履行职责，接受上级机关和社会公众的监督。

国际合作与经验借鉴：监察机关在执法和追责工作中，可以积极参与国际合作与交流，借鉴国际先进经验和做法，提升执法能力和水平。这有助于建立国际合作机制，共同打击跨国犯罪和贪污行为。

总之，监察机关对违法违规行为的执法和追责具有重要意义。通过加强预防、打击违法行为，依法进行调查处理，并建立信息公开和问责机制，监察机关可以推动廉洁政府建设，维护社会稳定，保障公共利益。监察机关应积极履行职责，依法严厉打击任何形式的违法违规行为，增强人民群众对执法公正性。

第九章 油库安全管理的创新实践

第一节 油库安全管理创新的机会与挑战

一、技术发展带来的机遇

技术的不断发展为油库安全管理带来了许多机遇。以下是关于技术发展所带来的油库安全管理机遇的一些观点。

智能监控系统：随着物联网、大数据和人工智能等技术的迅猛发展，智能监控系统在油库安全管理中发挥着越来越重要的作用。通过安装传感器和相应的监控设备，可以对储罐、管道、防火设施等进行实时监测和数据采集。这使得操作人员能够及时发现异常情况，并采取相应的预警和应急措施，提高了油库的安全性能。

环境监测技术：油库需要密切关注周围环境的变化，特别是气象条件、气体浓度和水质等。现代环境监测技术能够实时监测并分析这些环境参数，提供精准的数据和预警信息。这有助于油库及时发现潜在的危险因素，如气候变化引起的火灾风险、泄漏和污染等，从而做出相应的调整和措施。

无人机技术：无人机在油库安全管理中具有广泛的应用前景。它们可以用于巡检和勘察工作，检查储罐、管道和边界等设施的状态，发现潜在的风险和问题。此外，无人机还可以用于紧急响应和灾后评估，为应急救援提供准确、高效的支持。

虚拟现实与模拟技术：虚拟现实技术可用于培训和演练，为员工提供真实且安全的环境来学习和熟悉操作流程，并培养应对紧急情况的能力。通过模拟技术，员工可以反复进行各种场景下的应急演练，以提高应对突发事件的反应速度和正确性。

数据分析与预测技术：随着大数据技术的快速发展，油库可以收集、存储和分析大量的运营数据。通过对这些数据的深入分析和建模，可以识别出潜在的安全风险和改进机会，提前预测可能的事故和故障，从而采取相应的预防措施，并优化资源配置和运营效率。

通信和协作技术：油库安全管理需要多个部门和单位之间的紧密合作和有效沟通。现代通信技术，如云计算、移动通信和在线协作平台，可以大大提高信息共享、跨部门协调和应急响应的效率。这有助于减少信息滞后、避免决策错误，并加强各级人员之间的协同工作。

总之，技术的不断发展为油库安全管理带来了许多机遇。通过充分利用新技术，油库能够提高安全性能、加强环境监测、优化资源配置、强化培训教育和完善应急响应。

二、法规政策对安全管理的要求

法规政策对安全管理的要求在油库领域具有重要意义。以下是关于法规政策对安全管理要求的一些观点，供参考。

法律法规的约束：国家和地方制定了一系列法律法规，以保障油库的安全运营。这些法规对储罐设计、设备选择、操作规程、应急预案等方面提出了具体要求。油库企业必须遵守这些法律法规，确保其安全管理符合法律的要求。

安全环保标准的制定：为了防范油库事故和减少对环境造成的影响，相关部门制定了安全环保标准。这些标准涵盖了油库设施的选址、建设、运营和废弃等各个环节，要求企业采取相应的措施来保证油库的安全性和环境保护。

规章制度和操作规程：除了法律法规和标准，行业协会及相关组织还发布了一系列规章制度和操作规程，对油库的安全管理提出具体要求。这些规章制度和操作规程包括工作流程、操作规范、安全责任等方面，旨在规范企业的安全管理行为。

安全评估和监管：法规政策要求油库企业进行安全评估和监管。企业需要定期开展安全风险评估，发现潜在的安全隐患，并采取相应的控制措施。同时，相关部门也会对油库进行定期的检查和审核，确保企业符合安全管理的要求。

应急预案和演练：法规政策明确要求油库企业制定应急预案并进行演练。这些预案包括火灾、泄露、事故等各种紧急情况下的处理方法和应对措施。企业需要定期组织演练，以确保员工熟悉操作流程、提高应对能力。

监督和处罚机制：法规政策设立了监督和处罚机制，用于对违反安全管理要求的企业进行惩罚和整改。如果企业未能按照法规要求进行安全管理，可能面临罚款、责令停产整顿甚至撤销许可证等处罚措施。

总之，法规政策对油库安全管理提出了具体要求，涉及储罐设计、设备选择、操作规程、应急预案等各个方面。企业需要遵守这些法规政策，制定相应的制度和规程，并定期开展安全评估、演练和监管，以确保油库的安全运营和环境保护。同时，行业协会和相关组织也扮演着重要角色，发布规章制度和操作规程，促进油库安全管理的规范化发展。

三、运营模式变化对安全管理的挑战

运营模式的变化对油库安全管理带来了一系列挑战。以下是关于运营模式变化对安全管理的挑战的一些观点，供参考。

供应链的延伸与复杂性增加：随着全球化的发展，油库的供应链变得越来越复杂。涉及原油采购、运输、储存、分销等多个环节，涉及多个合作伙伴和相关利益方。这种供应链的延伸使得协调和控制变得更加困难，也增加了潜在的安全风险。

网络化与信息化：现代科技的快速发展推动了油库运营模式的网络化和信息化。通过互联网和物联网技术，油库可以实现设备远程监控、数据共享和实时通信。然而，这也使得油库面临网络攻击和数据泄露的风险，要求企业采取更加严格的网络安全措施。

跨地域经营与法规差异：一些油库企业开始进行跨地域或跨国家的经营，涉及不同地区的法律法规要求。不同地区的法规差异性可能带来不一致的安全管理标准和要求，企业需要适应并遵守各地的安全法规，增加了管理复杂度。

多样化业务模式：油库运营不再局限于传统的储存和分销业务。现代油库开始提供更多的增值服务，如加注、混合和处理等。这些新的业务模式带来了

新的安全风险，需要企业更新自己的安全管理措施和应急预案。

人员素质与技能需求的变化：随着运营模式的变化，油库对员工的素质和技能提出了更高的要求。员工需要具备更广泛的知识和技能，包括操作技术、安全意识、危机处理等方面。培训和教育的需求也随之增加，确保员工能够适应新的运营模式和安全管理要求。

风险管控的复杂性：运营模式的变化使得风险管控变得更加复杂。油库需要综合考虑不同环节和利益方的安全风险，并采取相应的控制措施。例如，在涉及跨国经营时，需要考虑地理、政治和文化差异带来的风险，以及应对相应的应急措施。

总之，运营模式的变化给油库安全管理带来了一系列挑战。油库企业需要适应供应链的复杂性、加强网络安全、遵守不同地区的法规要求、更新安全管理措施、提升员工素质和技能，并全面考虑风险管控的复杂性。只有有效应对这些挑战，才能确保油库安全管理与时俱进、持续发展。

第二节 油库安全管理创新的原则和方法

一、创新的原则和价值观

油库安全管理创新的原则和价值观是指在推动油库安全管理发展过程中，应秉持的一些基本原则和核心价值观。以下是关于油库安全管理创新的原则和价值观的一些观点，供参考。

安全第一：安全永远是油库安全管理的首要原则和价值观。在任何决策和行动中，都要以保障人员生命安全和公共环境安全为最高准则。企业应从管理层到基层员工，形成安全优先的文化氛围，并将安全视为核心价值。

预防为主：预防胜于事后救治，是油库安全管理的基本原则之一。通过科学的风险评估、制定合理的操作规程、实施有效的维护保养等措施，预防事故的发生，减少安全风险。

全员参与：油库安全管理需要全员参与，每个员工都应对自己的责任和义务有清晰的认识，积极参与安全管理工作。企业应鼓励员工提出安全问题和改进建议，建立起开放的沟通机制，形成群策群力的安全管理氛围。

持续改进：油库安全管理应不断追求卓越，持续改进是保持安全管理效果的重要手段。企业应建立健全的评估体系，定期开展自查和外审，根据评估结果识别问题、找出短板，并采取有效措施加以改善。

创新技术应用：随着科技的发展，新技术在油库安全管理中扮演着重要角色。企业应积极引进和应用创新技术，如物联网、人工智能、大数据分析等，提高安全监测和预警能力，提升事故应对和处理效率。

合规合法：油库安全管理必须合规合法，在遵守法律法规的前提下进行。企业应了解并遵循相关法律法规，确保安全管理与法律要求相一致。同时，也要关注行业最佳实践和国际标准，不断提升自身的管理水平。

透明公正：油库安全管理应以透明和公正为原则。企业应建立健全的信息披露机制，及时向内外部相关方发布安全信息，确保信息的真实性和及时性。同时，安全管理决策应公正、客观，不偏袒个人或特定利益。

社会责任：油库安全管理应具备社会责任意识，积极投身于公共安全事务。企业应与政府、社区和其他利益相关方合作，共同推动油库安全管理的发展，并参与社会救援和灾害响应等公益活动。

总之，油库安全管理创新的原则和价值观包括安全第一、预防为主、全员参与、持续改进、创新技术应用、合规合法、透明公正和社会责任。遵循这些原则和价值观，能够有效地推动油库安全管理的发展，提升安全管理水平，并实现安全、可持续的运营。

二、多方合作与协同创新

油库安全管理是一个涉及多个方面的综合性工作，需要各方共同参与和协同合作。在这样的背景下，多方合作与协同创新对于推动油库安全管理的发展具有重要意义。以下是关于油库安全管理多方合作与协同创新的一些观点，供参考。

多方参与：油库安全管理涉及政府、企业、监管机构、行业协会、专家学者等多个参与主体。通过各方的积极参与，可以形成资源共享、信息交流和协同决策的格局，提高油库安全管理的整体效能。

数据共享：各主体之间应建立起信息共享的机制，共享相关数据和信息。例如，企业可以分享油库运营数据，政府和监管机构可以提供安全监测数据，行业协会可以提供最佳实践和经验等。通过数据共享，可以增强各方对油库安全情况的了解，更好地开展协同工作。

协同决策：多方合作需要建立起完善的决策机制，确保各方在油库安全管理中能够协调一致。相关方应共同参与决策过程，充分听取各方意见和建议，达成共识，并采取一致行动来推进油库安全管理的改进和创新。

跨界协作：油库安全管理具有跨学科性质，需要不同领域的专家和机构进行跨界合作。例如，工程技术、环境科学、安全管理等多个领域的专家可以共同研究和解决油库安全问题，提供创新的解决方案。不同领域的知识交叉融合，有助于推动油库安全管理的协同创新。

技术创新：多方合作与协同创新在推动油库安全管理中发挥着重要作用。通过技术创新，可以引入先进的监测设备、智能化系统和大数据分析等，提高油库安全管理的效率和精准度。各方之间可以共同研发和应用创新技术，共同探索适用于油库安全管理的新方法和新工具。

培训交流：多方合作也包括开展培训和交流活动，提升油库安全管理的人员素质。政府、行业协会和企业可以组织相关的培训课程、研讨会和经验交流活动，分享最新的安全管理理念、技术和案例，提高从业人员的专业能力和意识。

风险管理：多方合作与协同创新中，风险管理是一个重要环节。各方需要共同识别和评估油库安全的潜在风险，并制定相应的应对策略和预案。通过共同分担风险、加强监测和预警机制，可以有效防范和减少油库安全事故的发生。

共建共享：多方合作与协同创新不仅关注自身利益，更重视共建共享的理念。各参与者应秉持合作共赢的原则，共同建设安全、可持续发展的油库管理体系，并分享成功经验和最佳实践。通过共建共享，可以形成互利共赢的合作关系，推动油库安全管理水平的整体提升。

总之，油库安全管理多方合作与协同创新是遵循市场化、开放式运作的重要策略。各参与主体应加强信息共享、协同决策、技术创新和风险管理，构建开放、协调、务实的合作机制。只有通过多方合作与协同创新，才能有效推动油库安全管理水平的提升，实现油库运营的安全、可持续发展。

三、应用科技手段促进创新

随着科技的不断发展，油库安全管理也逐渐开始应用各种科技手段来促进创新。科技的应用可以提升油库安全管理的效率、准确性和可持续性。以下是关于油库安全管理应用科技手段促进创新的一些观点，供参考。

自动化监测与控制：自动化技术可以实现对油库设备和操作过程的实时监测和控制。例如，基于物联网技术的传感器可以收集油库的各项数据，如温度、压力、液位等，实现对油罐和管道的远程监控。自动化监测与控制系统能够及时发现异常情况并采取相应措施，提高安全性和操作效率。

大数据分析：油库日常运营涉及大量数据的收集和处理，这些数据包含了丰富的信息。通过应用大数据分析技术，可以挖掘出隐藏在数据中的有价值的信息，并帮助决策者做出更准确、智能的决策。例如，通过对历史数据进行分析，可以预测设备故障概率，优化设备维修计划，降低事故风险。

智能监控与预警系统：利用人工智能和图像识别技术，可以建立智能监控与预警系统。这种系统可以通过摄像头对油库现场进行实时监控，并通过算法分析判断是否存在安全隐患。例如，检测到火焰、烟雾或异常动作等情况时，系统可以及时发出预警，并采取相应的紧急处理措施。智能监控与预警系统能够大幅提升油库的安全性和响应能力。

虚拟仿真与培训：虚拟仿真技术可以模拟真实的油库场景，为工作人员提供实践和培训的机会。通过虚拟仿真，工作人员可以在真实场景下模拟操作，熟悉设备的使用方法和安全操作规程，提高应对突发事件的应急能力。虚拟仿真还可以帮助人员更好地理解复杂的工艺流程和安全管理要点，减少人为错误和事故的发生。

无人机巡检与监测：利用无人机技术可以对油库进行快速、全面的巡检和监测。无人机可以携带高分辨率的摄像设备和传感器，对油罐、管道、设备和周边环境进行全方位的检测和监测。与传统方式相比，无人机具有更快的速度、更广的视野和更高的安全性。通过无人机巡检与监测，可以及时发现潜在问题，并采取预防措施，减少人为差错和事故的发生。

远程操作与云平台：利用远程操作技术和云平台，可以实现对油库设备和系统的远程管理和操作。工作人员可以通过互联网远程连接到油库系统，进行设备状态查看、参数设置、报警处理等操作。这种方式大大提高了管理的灵活性和便捷性，同时也减少了人员在现场的风险。云平台可以集成各种数据和信息，并提供实时监控、报表分析、预警等功能，帮助管理者更好地管理油库安全。

区块链技术：区块链技术可以提供安全、透明和可追溯的数据存储与交换方式。在油库安全管理中，可以利用区块链技术实现对数据的加密存储、审计跟踪和共享，确保数据的完整性和可信度。例如，供应链中的物流信息、油库设备维护记录等可以通过区块链进行可靠的存证和共享，防止篡改和错误。

总之，油库安全管理应用科技手段可以提升油库的运营效率和安全性，促进创新和改进。自动化监测与控制、大数据分析、智能监控与预警系统、虚拟仿真培训、无人机巡检与监测、远程操作与云平台以及区块链技术等都是目前常见的应用技术。通过不断引入和应用科技手段，可以进一步推动油库安全管理的发展，为实现安全、高效和可持续的油库运营提供有力支持。

第三节 油库安全管理创新的实践案例

一、能源监测与预警系统的创新应用

油库安全管理是一个关乎人民生命财产安全的重要领域，能源监测与预警系统在该领域的创新应用，对提高安全管理水平具有重要意义。能源监测与预警系统通过监测和分析能源使用情况，实时掌握油库运行状态，以及提前发现潜在风险和异常情况，并及时采取预防措施，有效保障油库安全。以下是关于能源监测与预警系统创新应用的一些观点供参考。

实时数据采集与监测：能源监测与预警系统可以通过传感器、计量仪表等设备实时采集油罐、管道、设备等各项参数数据，并将其传输到中央控制系统进行处理与分析。这样可以实现对油库各项指标的精确监测，如温度、压力、液位、流量等，以便随时掌握油库的运行状况。

数据分析与预测模型建立：能源监测与预警系统可以利用大数据分析技术，对历史数据进行分析和挖掘，建立相应的预测模型。通过对各种数据进行比对、分析和综合评估，可以预测油库的能源消耗情况，并根据模型的结果进行调整与优化，提高能源利用效率和节能减排。

风险预警与智能识别：能源监测与预警系统通过设定阈值、制定预警规则，实现对潜在安全风险的预警。系统能够自动识别出异常事件，如温度过高、压力异常、液位超限等，及时发出报警信号。同时，借助人工智能技术，能够从大量数据中识别出规律和模式，提前预测可能发生的故障或事故，以便采取相应的措施进行防范和处理。

远程监控与响应：能源监测与预警系统支持远程监控与远程响应功能。通过云计算和物联网技术，可实现对多个分布在不同地点的油库进行集中管理和监控。此外，还能够通过手机应用程序或网络平台提供实时数据和报警信息，让管理人员随时随地了解油库的运行状态并做出相应反应。

数据可视化与报表分析：能源监测与预警系统可将采集到的数据以可视化形式呈现，通过直观、清晰的图表和报表进行展示与分析。这使得管理人员可以更加方便地了解能源消耗情况、能耗分布、运行效率等关键信息，从而更好地制定和实施相应的管理策略。

故障诊断与维护管理：能源监测与预警系统可根据采集到的数据对设备状态进行实时监测和分析，通过故障诊断算法辅助判断设备的工作状况，并提供相应的维护管理建议。这有助于实施定期检修和保养，减少设备故障导致的安全风险，提高设备的可靠性和使用寿命。

能源管理与优化：能源监测与预警系统可帮助油库实施能源管理与优化措施。通过对能源数据的分析和监测，可以识别出能耗较高的设备、工艺或环节，并提供相应的优化建议。例如，通过优化操作流程、设备调整和能源回收利用等措施，降低能源消耗量，提高能源利用效率。

安全培训与应急响应：能源监测与预警系统可以结合虚拟仿真技术提供安全培训模块。通过虚拟仿真场景，员工可以学习正确的操作方法和应急响应流程，提高安全意识和应对能力。此外，系统还可以提供紧急情况下的预案和指导，及时向相关人员发出警报，确保在事故发生时能够进行及时而有效的响应。

数据共享与合作：能源监测与预警系统支持数据共享与合作，不仅可以在内部各个部门之间进行信息共享，还可以与外部机构和行业组织进行数据交换和合作。共享数据可以为其他油库的安全管理提供参考和借鉴，促进整个行业的安全水平提升。

总之，能源监测与预警系统在油库安全管理中的创新应用具有重要意义。它通过实时数据采集与监测、数据分析与预测模型建立、风险预警与智能识别、远程监控与响应、数据可视化与报表分析、故障诊断与维护管理、能源管理与优化、安全培训与应急响应以及数据共享与合作等方面的创新应用，为油库安全管理提供了更准确、高效、可靠的手段。这将大大提升油库的安全性和运行效率，为保障人民生命财产安全发挥积极作用。

二、安全培训与教育的创新方式

油库安全管理的安全培训与教育是确保人员具备必要的知识和技能，增强其安全意识和应急响应能力的重要环节。随着科技的发展和社会进步，传统的培训方式逐渐不能满足需求，因此需要创新安全培训与教育方式。以下是关于油库安全管理安全培训与教育的创新方式的一些观点供参考。

虚拟现实（VR）技术：通过虚拟现实技术，可以构建逼真的虚拟环境，为人员提供身临其境的培训体验。在油库安全培训中，可以利用 VR 技术模拟各种场景，如泄漏事故、火灾等，并引导学员进行相应的应急处理。这种方式不仅可以减少实际操作中的风险，还可以提高学习效果和参与度。

交互式电子学习：通过开发在线学习平台或手机应用程序，提供交互式电子学习资源，使人员可以根据自己的时间和进度进行学习。这种方式可以结合多媒体、动画、视听资料等形式,将知识呈现得更加生动、易于理解。同时,可以设置测验和评估模块,评估学员的学习效果,并提供个性化的学习指导。

远程在线培训:通过视频会议、网络研讨会等技术手段,实现远程在线培训。这种方式可以打破地域限制,使得不同地点的人员可以同时接受相同的培训课程。此外,还可以与专业机构或行业组织进行合作,邀请专家进行在线讲座和知识分享,提高培训的质量和广度。

游戏化学习:将安全培训与游戏元素相结合,设计安全教育游戏。游戏化学习能够提供情境化的学习体验,激发学员的兴趣和参与度。通过完成任务、解决问题等方式,培养学员的安全意识和应急处理能力。同时,还可以设置竞赛、排行榜等机制,激发学员之间的互动和竞争,增强学习效果。

实践训练与演练:安全培训不仅要注重理论知识的传授,还要加强实践训练与演练。通过模拟油库环境,进行实际操作和应急演练,使学员能够亲身体验危险情况,并学习正确的操作方法和应对策略。同时,可以组织应急演练比赛,提高学员在紧急情况下的应变和团队合作能力。

社区共建与安全文化培育:通过建立安全文化,加强社区共建,形成一个安全意识普遍、相互学习、共同进步的氛围。可以组织安全知识竞赛、安全经验分享会等活动,鼓励员工积极参与,并提供相应奖励和激励机制,以增强员工对安全培训的重视和参与度。同时,还可以建立安全问题反馈渠道,鼓励员工及时报告潜在的安全风险,并及时采取措施进行处理和改进。

案例分析与教训总结:通过案例分析和教训总结的方式,将实际发生的事故、事故原因、教训等转化为学习资源。将这些案例分享给员工,并引导他们深入思考,提高他们的安全意识和风险意识。同时,还可以组织集体研讨、座谈会等形式,依据案例进行深入探讨和经验分享。

综合应用新技术:利用人工智能、大数据分析、物联网等新技术手段,拓展安全培训与教育的方式。例如,可以开发基于人工智能的虚拟教练,模拟不同情况下的应急响应,进行个性化指导;利用大数据分析,提供个性化的学习内容和推荐;运用物联网技术,实现设备状态实时监测与故障预警等。

创新油库安全管理的安全培训与教育方式,能够更好地满足不同人员的需求,加强他们的安全意识和应急响应能力。这些创新方式涵盖了虚拟现实技术、交互式电子学习、远程在线培训、游戏化学习、实践训练与演练、社区共建与安全文化培育、案例分析与教训总结以及综合应用新技术等方面。通过综合运用这些方式,可以提高安全培训与教育的效果,并为油库安全管理提供更加可靠和有效的保障。

三、智能化设备与监控系统的创新应用

油库安全管理的智能化设备与监控系统是应对安全风险和保障运营安全的重要手段。随着科技的不断发展,智能化设备与监控系统在油库安全管理中得到了广泛应用和创新。以下是关于油库安全管理智能化设备与监控系统的创新应用的一些观点供参考。

实时数据采集与监测:通过传感器、监测设备等技术手段,实现对油库各项数据指标的实时采集与监测。例如,可以利用液位传感器、压力传感器、温度传感器等监测设备,实时监测油罐的液位、压力、温度等参数,将数据传输至监控系统,并进行实时分析和报警。这样可以及时发现异常情况,预防事故的发生。

数据分析与预测模型建立:通过对大数据的收集和分析,建立预测模型,预测潜在的安全风险。利用机器学习、人工智能等技术手段,对历史数据进行分析,识别出与安全相关的特征,建立预测模型。通过该模型可以预测潜在的事故风险,提前采取措施进行预防和控制。

风险预警与智能识别:通过监测系统的算法分析,对异常情况进行智能识别和风险预警。例如,对于油罐泄漏或火灾等危险情况,可以借助图像识别技术,通过分析监控摄像头拍摄到的实时影像,快速发现异常情况,并及时向相关工作人员发送预警信息。这样能够提高事故发现的准确性和及时性。

远程监控与响应:利用网络、云平台等技术手段,实现对油库设备和环境的远程监控和操作。通过互联网技术,可以实现对油库各项设备状态的远程监控,以及对操作流程的远程指导。同时,还可以设置远程报警系统,一旦出现

安全问题，可以立即通知相关责任人员，并远程操作设备进行紧急处理。

数据可视化与报表分析：将实时数据转化为图形化、可视化的展示形式，提供给管理人员进行数据分析和决策。通过大屏幕展示、报表分析等方式，管理人员可以直观地了解油库的运行状态和安全指标，并及时采取措施进行调整和改进。

故障诊断与维护管理：利用智能化设备与监控系统，实现对设备故障的自动诊断和维护管理。通过传感器和监测设备的数据反馈，系统可以自动检测设备故障，并提供相应的诊断报告和维修建议。这样可以提高设备的稳定性和可靠性，减少故障对油库安全的影响。

能源管理与优化：能源监测与预警系统可帮助油库实施能源管理与优化措施。通过对能源数据的分析和监测，可以及时发现能源消耗异常和浪费情况，并提供节能优化建议。例如，可以通过监测能耗数据，分析设备的能效状况，通过调整操作参数、设备升级等方式，实现能源消耗的优化和减少。

安全培训与教育支持：智能化设备与监控系统还可以用于支持安全培训与教育工作。通过将监控系统中采集到的实时数据和模拟情景融入培训教材和案例中，帮助培训对象深入理解油库安全管理的重要性和应对措施。此外，还可以开发在线学习平台，提供安全知识学习资源，结合监控系统数据，进行交互式学习和实践操作。

自动化灭火与应急响应：智能化设备与监控系统可以与灭火设备和应急响应系统相结合，实现自动化的灭火和应急响应。例如，当监控系统检测到火灾或泄漏情况时，可以自动触发灭火装置，并向相关人员发送预警消息。这样可以大大缩短应急响应时间，减少人身伤害和财产损失。

通过创新应用智能化设备与监控系统，可以提高油库安全管理的效率和精确度，减少人为因素的干扰和风险。这些创新应用涵盖了实时数据采集与监测、数据分析与预测模型建立、风险预警与智能识别、远程监控与响应、数据可视化与报表分析、故障诊断与维护管理、能源管理与优化、安全培训与教育支持以及自动化灭火与应急响应等方面。通过综合运用这些创新应用，可以提升油库安全管理水平，保障员工和设施的安全，并有效避免事故的发生。

第四节　油库安全管理创新经验的总结与分享

一、成功案例的关键因素分析

领导支持与承诺：油库安全管理的创新需要得到组织领导的支持和承诺。领导要重视安全管理，并将其纳入企业战略和目标，为创新提供资源和支持。

跨部门协作与合作：油库安全管理涉及多个部门和团队的合作。跨部门的协作和合作可以促进信息流通、资源共享和问题解决，有助于创造更好的安全管理创新实践。

创新文化营造：创新需要一种积极的文化氛围。在油库安全管理中，建立鼓励员工提出创新想法、尝试新方法的文化，可以激发员工的主动性和创造力。

数据驱动与技术支持：数据是油库安全管理创新的重要基础。通过收集、分析和利用大数据，以及应用先进的技术支持（如物联网、人工智能等），可以提高安全管理的准确性、效率和响应能力。

持续改进与反馈机制：创新不是一次性的，需要持续改进和反馈机制。建立油库安全管理的监测与评估体系，定期检查和评估创新措施的效果，并根据反馈进行调整和改进。

培训与意识提升：提高员工的安全意识和技能培训至关重要。油库安全管理创新需要通过培训、教育和意识提升活动，增强员工对安全管理创新的理解和参与度。

案例分享与学习：成功案例的分享和学习可以提供宝贵的经验和启示。油库安全管理创新需要建立一个案例分享平台，促进不同油库之间的经验交流和学习。

风险管理与预防：油库安全管理的创新应注重风险管理和预防。通过全面分析潜在风险和建立相应的预防措施，可以减少事故的发生，提高安全管理创新的成功率。

持续关注外部环境：油库安全管理创新需要密切关注行业的最新发展和趋势。了解并应对法规、标准和技术等方面的变化，有利于保持安全管理创新的前沿性和适应性。

经验沉淀与文档化：油库安全管理创新经验的沉淀和文档化对于知识传承和持续改进至关重要。将创新实践的经验、教训和方法进行总结和归档，有助于在以后的工作中更好地借鉴和应用。

以上是油库安全管理创新经验总结与分享成功案例的关键因素分析。通过考虑和应用这些因素，可以提高油库安全管理创新的成功率，并为行业提供更加可靠和有效的安全管理实践。

二、创新经验的总结与归纳

油库是储存和运输各种燃油及化工产品的重要基础设施，其安全管理至关重要。随着科技的发展和对安全风险的不断认识，油库安全管理的创新经验逐渐积累并取得了一系列成果。以下是对油库安全管理创新经验的总结与归纳。

安全文化建设：建立良好的安全文化是油库安全管理创新的基础。通过培养员工的安全意识、责任感和行为习惯，可以增强组织对安全的重视程度，从而推动安全管理创新的开展。

风险评估与管控：油库安全管理创新要以风险评估为基础，通过科学的方法识别、分析和评估潜在的安全风险，并采取相应的风险控制措施，保障油库的安全运营。

先进设备与技术应用：借助先进的设备和技术，如智能监测系统、无人机巡检等，提升油库安全管理的效率和准确性。利用物联网、人工智能等技术，实现对油库各项数据的实时监控和预警，可以及时发现异常情况并采取相应的措施。

应急响应与演练：建立完善的应急响应机制，并定期进行应急演练。通过模拟真实事故情景，检验应急预案的可行性和有效性，提高应对突发事件的能力，减少事故损失。

员工培训与教育：加强员工安全培训和教育，提高员工的安全意识和操作技能。不仅要注重新入职员工的培训，还要定期组织针对性的培训活动，使员工能够紧跟安全管理创新的发展。

跨部门协作与信息共享：推动油库安全管理创新需要各个部门之间的紧密协作和信息共享。通过建立跨部门的联合会议、项目组或工作坊，促进信息流通和资源共享，加强团队之间的合作与沟通。

持续改进与学习型组织：油库安全管理创新是一个持续改进的过程，需要不断反思、学习和优化。通过定期评估和回顾工作成果，并汲取其他企业或行业的成功经验，将创新与实践相结合，推动安全管理的不断发展。

反馈与问题解决：建立良好的反馈机制，鼓励员工主动提出问题和改进建议。及时处理和解决问题，确保油库安全管理创新的质量和可持续性。

安全法规与标准遵循：油库安全管理创新必须遵循国家相关的安全法规和标准要求。及时关注并应用最新的法规和标准，确保油库安全管理的合规性和科学性。

成功案例的分享与复盘：成功案例的分享与复盘对于油库安全管理创新至关重要。通过将成功案例进行总结和归纳，并向内外部进行分享，可以为其他组织提供借鉴和启示，推动整个行业的安全管理水平不断提升。

通过以上对油库安全管理创新经验的总结与归纳，我们可以看到，建立良好的安全文化、科技应用、风险评估管控、应急响应演练、员工培训教育、跨部门协作信息共享、持续改进学习、反馈问题解决、合规遵循以及成功案例分享与复盘等因素是油库安全管理创新的关键要素。只有通过综合考虑和应用这些要素，才能够有效地提升油库安全管理的水平，减少事故风险，保障人员安全和设施的稳定运营。

三、分享油库安全管理创新经验的重要性与途径

油库是储存和运输各种燃油及化工产品的关键设施，其安全管理对于保障员工安全、环境保护和社会稳定具有重要意义。然而，随着技术的进步和风险形势的变化，油库安全管理面临着越来越复杂和严峻的挑战。因此，分享油库

安全管理创新经验变得尤为重要。下面将详细介绍分享油库安全管理创新经验的重要性以及可行的途径。

（一）重要性

促进行业发展：通过分享创新经验，可以推动整个行业的安全管理水平不断提升。每个油库都有自己的特点和经验，有效地分享和交流这些经验可以帮助其他油库及行业从中吸取教训，加速安全管理的创新和进步。

提高安全管理效率：分享油库安全管理创新经验可以减少重复工作和试错成本，避免重复踩坑。通过借鉴他人的成功实践，可以更好地选择适合自身油库的最佳方法和策略，从而提高安全管理的效率。

优化资源配置：不同油库可能面临类似的安全风险和挑战，但资源有限。通过分享油库安全管理的创新经验，可以避免资源浪费，实现资源的最优配置。例如，一个油库成功实施了一项有效的风险评估方法，其他油库可以借鉴这个方法，而无须从头开始研发，节省时间和成本。

增强应对能力：通过分享油库安全管理创新经验，可以共同面对各种紧急情况和突发事件。在面对新的安全挑战时，共享创新实践将使行业更具响应能力，并为解决问题提供多样化的方法和思路。

加强企业形象与合规性：积极分享油库安全管理创新经验，展示企业在安全管理方面的努力和成果，有助于树立企业良好的形象，提升声誉。同时，分享的经验还能帮助企业及时了解并适应行业内外的法规、标准和最佳实践，确保合规运营。

（二）途径

行业交流会议与论坛：参加行业交流会议和论坛是获取他人创新经验的重要途径。在这些会议上，油库管理者和安全专家可以分享自己的实践经验、研究成果，并借此机会了解行业中其他组织的最佳实践。

成立专业网络平台：建立油库安全管理创新的专业网络平台，如在线社区、企业内部知识共享平台等，为油库之间的交流提供便利。该平台可以提供各种形式的信息共享，如技术文章、案例分享、培训资源等，促进油库安全管理创新的交流与合作。

建立行业联盟和协作机制：油库可以积极参与行业联盟和协作机制，与其他油库、相关企业以及政府监管部门建立紧密的合作关系。通过联盟和机制，可以共享资源、信息和经验，并开展联合研究和项目，促进安全管理创新的交流与合作。

报告和研究论文：将油库安全管理创新的实践经验总结成报告和研究论文，发布到行业刊物、学术期刊和专业网站上。这些发布渠道可以让更多人了解和学习到创新经验，推动安全管理水平的整体提升。

定期组织内部分享会议：在油库内部定期组织分享会议，邀请员工主动分享自己的创新经验和成功案例。这种内部分享的方式可以促进员工之间的互相学习和启发，激发更多创新想法，并形成良好的学习氛围。

寻求专家咨询和外部评估：油库可以邀请安全管理领域的专家进行咨询和评估，从他们的丰富经验中获取创新灵感和建议。外部专家的介入可以为油库带来新的视角和思路，帮助发现问题并提供改进的方向。

建立激励机制：为员工和团队提供激励机制，鼓励他们分享经验和创新成果。例如，设立奖项或荣誉，给予优秀经验分享者和创新实践者一定的认可和回报，激发更多人愿意分享和创新。

总之，分享油库安全管理创新经验不仅有助于行业整体技术水平的提升，也能够促进企业内部的自我学习和创新。通过行业交流、专业网络平台、联盟机制等途径，可以实现创新经验的广泛传播和共享，推动安全管理的不断发展和完善。这样的共享精神将进一步提高整个行业的安全水平，保障员工安全和社会的稳定。

第十章　油库安全管理的技术应用

第一节　油库安全监测技术的应用

一、环境监测技术

（一）环境监测技术的应用

气体监测：通过监测油库周边空气中的气体浓度，如有毒气体、可燃气体等，及时发现泄漏、挥发或燃烧等异常情况，并触发报警系统。常见的气体监测仪器包括气体检测仪、多参数气体检测仪等。

声音监测：通过监测油库周边的声音指标，如噪音水平、特定声音频谱等，判断是否存在异常噪声，及时采取措施降低噪音水平，保障工作人员的听力健康。常见的声音监测仪器包括声级计、噪声分析仪等。

液体监测：通过监测油库的液位、温度、湿度等参数，实时掌握不同设备和储罐的状态，并确保油品储存和输送的安全性。常见的液体监测仪器包括液位传感器、温度传感器等。

水质监测：通过监测油库周边水体的水质指标，如 pH 值、溶解氧、悬浮颗粒物、化学需氧量等，及时发现水污染问题，采取相应的治理措施，防止水体受到污染和生态破坏。常见的水质监测仪器包括多参数水质分析仪、在线监测设备等。

土壤监测：通过监测油库周边土壤的有害物质含量，如重金属、挥发性有机化合物等，评估地下水和生态系统的受影响程度，保护土壤资源和生态环境。常见的土壤监测仪器包括土壤采样器、土壤污染监测仪等。

（二）环境监测技术的原理

环境监测技术基于传感器和监测设备，利用物理、化学、生物等原理将环境参数转化为可读取的数据。常见的监测技术原理如下。

光学原理：利用光的吸收、散射、透射等特性，通过光学仪器实现对环境中物质浓度或成分的检测。例如，光谱分析技术可以通过测量被测样品在不同波长下的光吸收或散射特性来分析其组成。

电化学原理：利用电化学电位、电流等参数与被测样品之间的关系，通过电化学传感器测量物质浓度，如气体传感器利用氧化还原反应来检测气体浓度。

传感器技术：通过物理或化学的变化，将环境参数转化为电信号或其他可测量的形式。常见的传感器包括温度传感器、湿度传感器、压力传感器等，它们可以实时监测油库周边环境的参数变化。

网络与通信技术：通过网络与通信技术，将监测数据传输到中心控制系统，实现数据的集中管理和远程监控。例如，物联网技术可以使监测设备互联互通，实现智能化的环境监测与管理。

（三）环境监测技术的优势

环境监测技术在油库安全管理中具有以下优势。

实时性：环境监测技术能够实时采集数据，并及时报警，帮助运营人员快速发现异常情况，采取紧急措施防止事故的发生。

连续性：监测设备可以持续地对环境参数进行监测，而不需要人工干预。这有助于准确把握环境变化趋势，提早预警潜在的安全威胁。

多参数检测：环境监测技术可以同时监测多个环境参数，如气体、液体、声音等，全面掌握环境状况，提高安全管理的准确性和综合性。

高灵敏度：环境监测设备具有高灵敏度，能够检测微小变化和低浓度污染物，提前预警潜在风险，保障油库和周边环境的安全。

数据分析与管理：通过对环境监测数据进行分析和管理，可以实现对环境监测结果的统计、趋势分析及追溯，为决策者提供科学依据。

环境监测技术在油库安全管理中具有重要作用。通过实时、连续地监测和分析环境参数，可以及早发现潜在的安全风险和环境污染问题，采取预防和控制措施，确保油库运营的安全性和环境可持续发展。未来，随着物联网、大数据等技术的不断发展，环境监测技术将更加智能化和精细化，为油库安全管理提供更加全面、准确的支持。

二、结构监测技术

（一）结构监测技术的应用

建筑物监测：通过对油库建筑物的变形、振动、裂缝等参数进行监测，可以及时发现结构松动、变形或破坏的问题，避免由于结构失稳引发的安全事故。

储罐监测：通过对油库储罐的变形、应力、压力等参数进行监测，可以判断储罐的强度和稳定性，预防储罐泄露、倾覆等危险情况的发生。

输油管道监测：通过对输油管道的应力、位移、温度等参数进行监测，可以实时掌握管道的状态，发现管道泄漏、断裂等异常情况，以确保输油系统的安全运行。

设备监测：通过对关键设备（如泵站、阀门等）的振动、温度、压力等参数进行监测，可以及时发现设备故障或异常情况，避免因设备失效引发的安全事故。

地基监测：通过对油库地基的沉降、变形等参数进行监测，可以判断地基的承载能力和稳定性，确保油库建筑物的安全性。

（二）结构监测技术的原理

结构监测技术基于传感器和监测设备，通过物理、力学或电子原理将结构参数转化为可读取的数据。常见的结构监测技术原理包括：

加速度计原理：利用加速度计检测结构物表面的加速度变化，从而得到结构的振动状态。通过分析振动特征，可以评估结构的稳定性和完整性。

应变计原理：应变计是一种能够测量物体应变的传感器，通过粘贴或固定在结构物的表面，当受到外力作用引起应变时，应变计会产生相应的电信号，进而测量应变大小。

导线传感器原理：通过布置在结构物表面的导线传感器，可实时监测结构变形和裂缝的情况。当结构发生变形或裂缝时，导线传感器会产生电阻变化，从而得知结构的情况。

GPS技术原理：利用全球定位系统（GPS）接收卫星信号，测量结构物的位置变化。通过连续监测结构的位移和变形，可以了解结构的稳定性和变形情况。

激光扫描技术原理：利用激光扫描仪测量结构物表面的几何形状和变形情况，通过分析测量点之间的距离变化，得到结构的变形信息。

（三）结构监测技术的优势

结构监测技术在油库安全管理中具有以下优势。

实时性：结构监测技术能够实时、连续地监测结构参数的变化，及时发现结构问题和损伤情况，有助于及早采取修复或加固措施，确保油库的结构安全。

精准度：结构监测技术采用高精度的传感器和监测设备，能够准确测量结构参数的变化，并提供可靠的数据支持，帮助运营人员做出科学决策。

多参数检测：结构监测技术可以同时监测多个结构参数，如振动、变形、裂缝等，全面了解结构状况。这有助于综合评估结构的强度和稳定性，预防潜在的安全隐患。

长期监测：结构监测技术可以长期进行监测，对结构的状态进行实时跟踪。通过建立结构监测数据库和历史数据分析，可以判断结构的寿命和演化趋势，为维护和更新提供依据。

远程监控：结构监测技术可以通过网络与通信技术进行远程监控，实现对多个油库的结构状态的集中管理。这样可以方便运营人员随时了解各个油库的结构情况，及时采取措施，提高管理效率。

结构监测技术在油库安全管理中具有重要作用。通过实时、连续地监测结构参数，并及时采取修复或加固措施，可以确保油库的结构安全和稳定性。未来，随着传感器技术和数据分析能力的进一步发展，结构监测技术将更加智能化和精细化，为油库安全管理提供更加全面、准确的支持。

三、泄漏监测技术

（一）泄漏监测技术的应用

储罐泄漏监测：储罐是油库中重要的储存设备，泄漏可能会导致环境污染和安全事故。泄漏监测技术通过监测储罐壁的温度、压力、液位等参数，可以及时发现泄漏迹象，确保储罐密封性和安全性。

输油管道泄漏监测：输油管道是油库系统中的主要运输通道，泄漏可能会引发油品泄漏和环境破坏。泄漏监测技术可以通过监测管道内外的压力、流量变化和振动等参数，快速定位和报警泄漏点，进行及时的修复和封堵。

泄漏液体监测：油库中可能存在各种泄漏液体，如石油、化学品等。泄漏监测技术通过监测地面或水体中的液体浓度、pH值等参数，可以及时发现和确定泄漏事件，并采取污染控制和处理措施。

检修井泄漏监测：检修井是油库系统中的重要接口和连接点，泄漏可能发生在井盖、管道接口等位置。泄漏监测技术可以通过监测井盖温度、压力、振动等参数，及时发现泄漏问题，避免污染扩散和安全风险。

气体泄漏监测：油库中还可能存在有害气体泄漏，如甲烷、硫化氢等。泄漏监测技术通过气体传感器监测空气中的气体浓度变化，可以快速发现并报警有害气体泄漏，采取相应的措施保护工作人员和环境。

（二）泄漏监测技术的原理

泄漏监测技术基于传感器和监测设备，通过物理、化学或电子原理将泄漏参数转化为可读取的数据。常见的泄漏监测技术原理如下。

液位监测：利用液位传感器监测储罐或管道中的液位变化，当液位异常升高或降低时，可能表示泄漏事件发生。

压力监测：通过压力传感器监测系统中的压力变化，当压力突然上升或下降时，可能表示有泄漏发生。

温度监测：利用温度传感器监测设备表面或管道表面的温度变化，当温度异常升高或降低时，可能表示泄漏事件发生。

流量监测：使用流量计或流速监测泄漏的技术，其主要原理是利用传感器和监测设备来感知、测量和记录泄漏相关参数的变化。

（三）泄漏监测技术的优势

实时性：泄漏监测技术能够实时地监测泄漏事件，使得操作人员可以迅速做出反应和采取相应措施，以减少泄漏带来的损害。

精确度：这些技术利用高精度的传感器和监测设备，可以准确地测量和记录泄漏参数的变化，提供可靠的数据支持。

可视化：监测设备通常配备了用户友好的界面和图形显示，使得操作人员可以直观地查看和理解泄漏情况。

报警功能：当检测到泄漏时，监测系统通常会自动触发警报，以便及时通知操作人员并采取紧急措施。

远程监控：一些泄漏监测技术可以通过网络连接进行远程监控，使得操作人员可以随时随地监测和管理泄漏情况。

数据记录和分析：监测系统通常会记录和存储泄漏数据，便于事后追踪和分析，以及对安全措施的改进和优化。

总之，泄漏监测技术是保障油库安全的重要手段，它能够快速、准确地检测泄漏事件，并为采取相应措施提供科学依据，从而减少环境污染和安全风险。

四、火灾和爆炸监测技术

（一）火灾监测技术的应用

火焰监测：利用火焰传感器或光学摄像机等设备，监测环境中的火焰。当火焰出现时，传感器会检测到火焰的辐射能量变化，并触发报警系统，快速发出告警信号。

烟雾监测：使用烟雾传感器来监测空气中烟雾颗粒的浓度变化。当烟雾超过预设的阈值时，传感器会发出报警，及时提醒人员火灾可能正在发生。

温度监测：通过温度传感器监测环境中的温度变化。当环境温度升高到一定程度时，传感器会发出警报，以便快速发现火灾迹象。

气体监测：使用气体传感器来检测空气中有害气体（如一氧化碳、甲烷等）的浓度变化。当有害气体超过安全标准时，传感器会发出警报，预警可能的火灾风险。

电流监测：通过电流传感器监测电路或设备中的电流变化。当电流异常升高时，可能表示电气设备故障，产生火灾风险。

压力监测：利用压力传感器监测气体或液体管道中的压力变化。当压力突然升高或下降时，可能表示火灾或爆炸事件发生。

火灾探测系统集成：将多个监测技术相互组合，搭建完整的火灾监测系统，实现全方位、多角度的火灾监测和报警功能。

（二）火灾监测技术的原理

火焰监测：火焰监测技术基于光学原理，通过测量火焰辐射能量的变化来判断是否存在火灾。常见的方法有红外线火焰监测、紫外火焰监测等。

烟雾监测：烟雾监测技术主要基于光学散射原理，利用传感器探测空气中烟雾颗粒对光的散射程度来反映烟雾的浓度。常见的方法有光电离烟雾传感器、光电式烟雾传感器等。

温度监测：温度监测技术通过温度传感器采集环境温度数据，并与预设的温度阈值进行比较。当环境温度超过阈值时，触发报警机制。

气体监测：气体监测技术主要建立在气体传感器的基础上，根据不同气体的特性，采用电化学原理、红外线原理、半导体原理等来检测气体浓度的变化。

电流监测：电流监测技术通过感知电路中的电流变化来判断是否存在火灾风险。可以使用电流传感器实时监测电气设备或电路的电流变化情况。

压力监测：压力监测技术通过安装压力传感器来感知管道或容器中的压力变化。当压力突然增大或减小，可能意味着有火灾或爆炸事件发生。

火灾探测系统集成：将各种监测技术相互集成，在数据采集和处理方面进行综合分析，实现对火灾风险的全方位监测和预警。

（三）火灾监测技术的优势

实时性：火灾监测技术能够实时地监测火灾迹象，及时触发报警机制，减少火灾事故造成的损失。

精确度：利用高精度的传感器和监测设备，火灾监测技术可以准确地测量和判断火灾风险，并进行相应的处理。

自动化：火灾监测技术采用自动化的监测系统，能够实现全天候、全方位的监测和报警功能，减轻人工操作负担。

可视化：监测系统通常具备可视化的界面，操作人员可以直观地了解和管理火灾监测情况，提高反应速度和准确性。

远程监控：火灾监测技术支持远程监控和管理，操作人员可以随时随地通过网络连接监测火灾情况，及时采取应对措施。

数据记录与分析：监测系统可以记录和存储火灾数据，便于事后分析和研究，为改进和优化火灾防护措施提供参考。

安全性：火灾监测技术可以预警火灾风险，保障人员的安全。及早采取措施，减少火灾事故造成的伤亡和财产损失。

总之，火灾监测技术是保障人员生命安全和财产安全的重要手段之一。它通过使用不同的传感器和监测设备，能够实时监测火焰、烟雾、温度、气体、电流、压力等参数的变化，及时发现并预警火灾风险。这些技术的应用、原理和优势使得我们能够更好地管理和防范火灾事故，减少损失，提高安全性。

五、安全设备监测技术

（一）罐区监测技术

罐区温度监测：通过安装温度传感器或红外线热像仪等设备，对罐区内部和周围环境的温度进行实时监测。当温度超出设定的阈值时，系统会发出警报，以预防火灾和爆炸。

罐区压力监测：利用压力传感器监测罐区内部压力的变化。当罐区内部压力异常升高或下降时，系统会及时报警，防止罐区发生事故。

罐区液位监测：通过液位传感器监测储罐内液体的高度变化。当液位超出正常范围时，系统会发出警报，以避免溢油和泄漏。

罐区漏油监测：利用漏油探测器或漏油报警系统监测罐底、管道接头等处的漏油情况。一旦发现漏油，系统会立即报警，并采取相应的应急措施。

罐区火焰监测：通过火焰传感器或光学摄像机等设备，监测罐区内的火焰情况。一旦发现火焰，系统会立刻报警并触发灭火系统。

（二）泄漏监测技术

压力监测：通过安装压力传感器来监测系统中的压力变化。当发生泄漏时，系统内的压力通常会突然下降或升高。

流量监测：使用流量计、流速计等设备来监测介质在管道或通道中的流动情况。泄漏会导致流量异常变化，从而可以快速检测到泄漏事件。

气体检测：利用气体传感器来监测环境中有害气体的浓度变化。当发生气体泄漏时，传感器会探测到气体浓度升高，从而触发报警。

温度监测：通过温度传感器来监测管道或设备表面的温度变化。泄漏事件可能会导致周围环境温度的异常升高或降低。

液位监测：使用液位传感器来检测储罐或容器内液体的高度变化。当发生泄漏时，液位通常会异常升高或下降。

地下水监测：通过地下水位传感器来监测地下水位的变化。泄漏事件可能导致地下水位上升或含有污染物质。

数据记录与分析：将传感器采集到的数据进行记录和分析，以便及时检测和研究泄漏事件的原因和发展趋势。

第二节 油库安全防护技术的应用

一、周界安全防护技术

周界围墙：建造坚固的周界围墙是最基本的安全措施之一。这些围墙应具备足够的高度和强度，以有效阻挡非法入侵者的进入，并且需要进行定期检查和维护，以确保其完整性。

电子围栏系统：使用电子围栏系统可以增强油库的周界安全。电子围栏通常由带电的导线组成，当有人或物体触碰围栏时，系统会自动触发警报，并将相关信息发送给安全人员。

光电探测器：通过安装光学和电子传感器来监测周界区域的活动情况。当有人或物体进入监测范围时，光电探测器会感知到并触发警报系统。

热成像摄像机：利用热成像技术，监测周边区域内的热量变化。热成像摄像机可以检测到潜在的火灾或异常温度情况，及早发现问题并采取相应措施。

防爆监控摄像头：在关键位置安装防爆监控摄像头，以实时监视油库区域。这些摄像头具有防爆功能，能够在危险环境下运行，并提供高清图像和视频记录，以便事后审查。

周界报警系统：通过布置入侵检测传感器、振动传感器等设备，实现对周界区域进行全天候监测。一旦有非法入侵者进入监测范围，报警系统会立即触发警报，同时通知相关人员进行应急处置。

安全巡逻与哨位设置：在油库内设置安全巡逻员和哨位，定期巡视并监督周界安全。巡逻员可以使用通信设备进行联系，并配备必要的安全工具和装备，以应对突发事件。

气体泄漏监测系统：在油库的周界和关键区域设置气体泄漏监测系统，用于检测可燃气体和有毒气体的泄漏情况。一旦检测到泄漏，系统会立即发出警报，并采取相应措施以保护人员和设备安全。

在油库的周界安全防护中，以上技术的综合应用可以提高油库区域的安全性和防范能力。同时，配合健全的安全管理制度、培训与教育，以及紧急响应预案的制定与实施，才能构建一个安全可靠的油库环境。

二、应急预案与演练技术

安全应急预案编制：针对油库可能发生的各类安全事故和紧急情况，制定相应的安全应急预案。预案应包括组织架构、责任分工、应急指挥系统、资源调配、应急装备等内容，并明确不同级别的突发事件应急响应措施。

应急指挥中心：建立应急指挥中心，用于协调和指挥突发事件的应对工作。该中心应配备通信设备、监控系统、紧急通知系统等，并设置专业的指挥人员负责指挥和调度。

事前培训与演练：定期进行应急演练，提高工作人员的应急反应能力和处理突发事件的能力。演练可以包括模拟各类安全事故场景，检验和完善应急预案，熟悉使用应急设备和器材，培养团队协作精神。

技术装备应用：在油库安全预案中，合理利用各种技术装备提高应对突发事件的效率。例如，使用远程监控系统、无人机、火灾自动报警系统等进行实时监测和控制，及早发现问题并采取相应措施。

全员应急培训：对所有从业人员进行应急知识培训，包括事故报告程序、紧急撤离演练、基本急救措施等。提高员工的安全意识和应对能力，使其能够在危急情况下迅速做出正确反应。

联合应急演练：与相关部门和单位进行联合应急演练，提供更加完整和协调的应急响应。例如，与消防部门、医疗救援队伍等协同配合，以确保跨部门、跨单位的联动应对。

信息发布与危机管理：建立完善的信息发布与危机管理机制，及时向内部员工和外部相关方通报事件进展和安全信息，减少不必要的恐慌和误解。

通过上述措施，油库可以更好地应对各类事故和突发事件，提高安全性能和应急处理能力。但是需要注意的是，预案与演练只是一种手段，同时还需加强日常安全管理、定期巡检和维护保养等工作，以确保油库的长期稳定运行和安全生产。

第三节 油库安全教育与培训技术的应用

一、安全意识教育与培训

油库安全意识教育与培训是为了提高从业人员对于安全风险的认知和应对能力，以减少事故发生的可能性。以下是一些油库安全意识教育与培训的重点内容。

安全政策与法规：向从业人员普及相关安全法规、标准和政策，使其了解和遵守相关的法律法规，明确各类责任和义务。

安全风险识别：教育员工学会识别潜在的安全风险和危险因素。包括对火灾、泄漏、爆炸等危险情况的辨识和了解，并掌握相应的预防和应对措施。

安全操作规程：向员工传授正确的工作操作规程和技能，包括油库设备的正确使用、储存物品的注意事项、紧急情况下的应急处理等。

紧急撤离与逃生：教育员工掌握应急撤离和逃生的方法与路径，包括疏散路线、应急出口位置、紧急报警程序等。

个人防护装备：培训员工正确佩戴和使用个人防护装备，如安全帽、防护眼镜、防护手套、防护服等。

应急处置与救援技能：通过模拟演练和实际操作，对从业人员进行应急处理和救援技能的培训，包括火灾扑灭、泄漏控制、紧急救护等。

安全沟通与报告：培养员工良好的安全沟通意识，鼓励他们及时向上级或相关部门汇报安全问题和隐患。

安全文化建设：通过各类活动和宣传，培育良好的安全文化氛围，使安全意识融入工作和日常生活中。

这些教育与培训可以通过专业机构或内部安全部门组织，采用讲座、培训课程、案例分析、模拟演练等形式进行。重要的是要确保培训内容符合实际情况，以提高员工的安全意识和安全素养，从而有效预防和减少事故的发生。同时，还应定期进行回顾和更新培训内容，确保员工的安全意识始终得到保持和提升。

二、操作规程培训与指导

制定详细的操作手册：编制包含详细操作步骤、安全注意事项和紧急处理指南的操作手册，确保手册内容准确、易懂、层次清晰。向所有从业人员发放并进行解读说明。

培训新员工：对新员工提供系统的培训，包括油库的设备、物品储存和处理方法、应急预案等。强调安全意识培养和遵守操作规程的重要性。

定期组织培训课程：根据不同岗位和需求，定期举办针对员工的操作规程培训课程。课程内容可以包括理论知识讲解、案例分析、实际操作演示等。

模拟演练：定期组织模拟演练，通过实践操作来加深员工对操作规程的理解和应用能力。模拟各类风险情景，培养员工正确的反应和处置能力。

现场指导：安排有经验和资质的员工对新员工进行现场指导，确保他们正确执行操作规程，并及时纠正不规范的操作。鼓励新员工多与经验丰富的员工交流，学习实操技巧。

安全巡查与督导：定期进行安全巡查，检查员工是否按照操作规程进行工作。同时，督促员工养成良好的操作习惯和遵守规程的意识。

定期复习与考核：定期组织复习和考核，以确保员工对操作规程的掌握情况。可以通过随堂测试、考试等形式进行，发现问题并及时补充培训。

信息共享与反馈机制：建立良好的信息共享机制，将相关的安全通知、事故案例、经验教训及时传达给员工。同时，鼓励员工提供改进建议和反馈，促进沟通和互动。

不定期组织专题培训：针对特定需求或新出现的安全风险，组织专题培训，加强员工对于特殊情况下的操作规程和应对策略的了解。

以上是关于油库安全操作规程培训与指导的建议，通过培训和指导，能够提高员工对操作规程的遵守意识和技能水平，减少事故风险。但要确保培训内容与实际情况相符，并及时更新和修订操作规程，以应对新出现的安全风险和变化。

三、应急处置培训与演练

应急处置计划的编制：制定详细的应急处置计划，涵盖可能出现的各类紧急情况，如火灾、泄漏、爆炸等。明确责任分工、应急响应流程和联络方式，并将其纳入培训课程中。

培训内容的确定：根据实际情况，确定培训内容，包括紧急情况的识别与报警、逃生与撤离、初期灭火及泄漏控制等。同时，还需着重强调应急响应的组织协调和沟通技巧。

理论知识的教育：向从业人员传授相关理论知识，包括应急处置的原则、常见事故类型、危险品性质和特点等。让他们了解应急资源、装备和工具的使用方法。

演练计划的制定：制定应急演练计划，明确演练目标和内容，并按照计划进行实地演练。演练可以包括模拟火灾、泄漏事故等实景演练，让从业人员在真实场景中学习应急处置技巧。

实践操作的指导：组织专家或有经验的人员对从业人员进行实践操作指导。让他们亲自使用灭火器、泄漏控制设备等，并模拟正确的操作流程与方法。

多样化的演练形式：根据不同的紧急情况类型和岗位职责，设计多样化的演练形式。例如，火灾逃生演练、泄漏事故应急演练、应急协调与联络演练等。

分层次的培训与演练：根据员工的不同岗位和层次，进行分层次的培训与演练。高级管理人员应接受更加深入的应急管理培训，而一线员工则需要注重实操技能的培养。

定期演练与评估：定期组织应急处置演练，并结合评估系统对参与者进行综合评估。根据演练结果，及时发现问题并进行改进，以提高应急处置的效果。

演练记录和总结：对每次演练进行记录，并进行总结和分析。通过总结演练过程中出现的问题和不足，完善应急处置计划及培训方案。

通过油库安全应急处置培训与演练，可以提升从业人员的应急响应能力和应对危机的技能水平。同时，培养团队合作精神和紧急情况下的冷静思考能力，为应对突发事件提供有力保障。

四、职业健康与人身安全培训

健康风险识别与防护：培训教育从业人员如何识别和评估与油库工作相关的健康风险，例如有害物质的接触、噪音和震动等。同时介绍相应的防护措施，包括个体防护装备的正确使用和定期进行健康监测。

安全操作规程的教育与遵守：培训解读油库安全操作规程，并强调其对人身安全的重要性。鼓励从业人员理解并严格遵守操作规程，减少发生事故和伤害的风险。

紧急疏散与救援培训：针对火灾、泄漏等紧急情况，培训从业人员如何迅速、有效地疏散，并学习基本的施救技能。包括熟悉紧急出口、逃生通道和应急设施等。

劳动强度管理：培训从业人员关于正确姿势操作、工作节奏掌握以及合理安排工作与休息时间等方面的知识，减小劳动强度对身体健康的影响。

心理健康支持与抗压能力培养：提供心理健康支持，教育从业人员如何有效应对工作中的压力、焦虑和紧张情绪。通过提供解压技巧和心理咨询服务，帮助他们保持良好的心理状态。

危险品的安全处理与储存：培训从业人员正确处理和储存危险品，包括化学品和易燃易爆物品等。介绍相关法规和标准，以确保他们了解危险品的特性和安全操作方法。

司机安全培训：针对油库运输车辆司机，提供驾驶安全培训，包括安全驾驶技巧、交通规则等方面的知识。强调不酒驾、不超载、不疲劳驾驶等安全驾驶原则。

定期检查与评估：定期对从业人员的健康状况进行检查和评估，关注职业病的早期预警和治疗。同时，收集并分析工作中发生的事故或伤害案例，以改善培训内容和措施。

通过油库安全职业健康与人身安全培训，可以提高从业人员对健康和安全的重视程度，增强他们对工作环境的风险认识，并掌握相应的防护和处置技能。这将有助于减少事故和职业病的发生，保障从业人员的身体和人身安全。

第四节　油库安全评估与预测技术的应用

一、风险评估与管控技术

油库安全风险评估：通过对油库进行全面而系统的评估，确定和分析潜在的安全风险，包括火灾、爆炸、泄漏等方面。可以采用定量和定性方法，如风险矩阵、事件树分析、故障模式与影响分析等，以综合评估和优先处理风险。

风险控制层次化策略：采用层次化的风险控制策略，即按照"消除、替代、工程控制、行政控制、个体防护"原则，逐级实施不同层面的控制手段。例如，通过改善设备设施、完善操作规程、培训从业人员等方式来降低风险。

安全管理体系：建立健全的油库安全管理体系，确保安全政策、责任制度、培训教育、审核评估等各方面的有效运行。通过完善的管理体系，实现风险管控的规范化和持续性。

预防性维护与监测：定期进行设备设施的检修和维护，旨在及时发现和排除潜在隐患。同时，配备相关监测设备，如火灾报警系统、泄漏监测装置等，及时监测异常情况，减少事故的发生。

应急响应预案与演练：制定详细、科学的应急响应预案，并组织定期演练。通过模拟真实情景的演练，提高从业人员对突发事件的应对能力，减少事故损失。

安全培训与意识提升：开展针对从业人员的安全培训，提高他们对安全风险的认知和应对能力。加强油库安全文化建设，营造全员参与安全的氛围。

技术创新与改进：积极引进和应用先进的安全技术与装备，如智能监控系统、远程遥控技术等，提高油库的安全性能和管理水平。

总之，油库安全风险评估与管控技术是通过科学、系统地识别风险，建立有效的风险管控体系，以保障油库工作环境的安全稳定。这些技术和方法的应用有助于预防事故发生，减少人员伤亡和财产损失。

二、生命安全评估与预测技术

事故场景模拟和仿真：利用计算机辅助工具，模拟和仿真各种可能发生的事故场景，包括火灾、爆炸、泄漏等。通过模型计算和分析，预测事故发生后的扩散范围、影响区域和可能的伤害情况，从而指导安全措施的制定。

剧本分析和风险评估：通过分析不同的操作剧本和可能存在的错误行为，识别潜在的危险因素和脆弱环节。结合风险评估方法，对这些危险因素进行定量或定性评估，以确定对人员生命安全构成高风险的情况，并采取相应的控制和改进措施。

定量风险评估：采用风险矩阵、层次分析法、事件树分析等定量风险评估方法，分析各种可能事故发生的频率、概率和严重程度。通过计算风险值或风险等级，评估不同风险场景对人员生命安全的影响，并制定相应的应急处置措施。

经验数据库和统计分析：建立油库事故案例和经验数据库，收集和分析过去发生的事故资料。基于统计数据和经验知识，可以识别出特定操作行为或设备参数与事故发生之间的关联性，为预测未来事故提供参考。

先进监测与报警系统：引入先进的监测设备和报警系统，如火灾报警器、气体检测仪等，及时感知异常情况。这些系统可以实时监测油库环境中的温度、压力、气体浓度等参数，一旦超过预设阈值，则发出警报并触发相应的应急措施。

专家咨询和评审：邀请相关领域的专家进行安全评审，对油库的设计方案、操作程序、安全措施等进行审查和指导。专家的意见和建议将有助于提高油库的安全性能和生命安全。

油库安全生命安全评估与预测技术的应用可以帮助油库管理者和从业人员更好地了解潜在风险，制定完善的应急预案和安全控制措施。通过提前预测和识别可能存在的危险情况，减少事故发生的可能性，保障从业人员的生命安全。

三、危险物质泄漏与扩散预测技术

油库安全危险物质泄漏与扩散预测技术是用于预测和评估危险物质在油库环境中发生泄漏后的扩散情况和潜在影响的技术手段。以下是一些常用的油库安全危险物质泄漏与扩散预测技术。

风场模拟：通过气象数据和数学模型，模拟风场运动规律，预测气体或蒸汽泄漏后在大气中的传播路径和扩散范围。这种方法可以考虑风速、风向、稳定度等因素的影响，并提供预测结果，以帮助确定安全区域和采取相应的应急措施。

扩散模型：使用扩散模型来预测危险物质在空气中的浓度分布。基于流体力学、热力学和质量传输原理，将泄漏源、环境条件和物质特性等参数输入模型，计算出泄漏物质的浓度随时间和距离的变化趋势。常用的模型包括高斯模型、计算流体力学（CFD）模型等。

物质属性和行为分析：对泄漏物质的物理化学特性进行准确的实验测量和数据收集。这些参数包括燃点、沸点、密度、挥发性等。同时，要考虑物质在泄漏过程中的相变、反应等因素，以提高预测的准确性。

GIS 和三维可视化技术：利用地理信息系统（GIS）和三维可视化技术，将空间布局、设备位置、环境要素等数据结合起来，直观地展示泄漏的扩散路径和影响范围。这种方法有助于快速了解泄漏事故的紧急性和相关应急措施的决策制定。

实时监测与报警系统：引入自动监测设备和报警系统，及时感知泄漏事件并提供准确的实时数据。通过监测泄漏物质的浓度、风速、风向等参数，并结合预测模型，可以及时发出警报，采取必要的紧急措施。

事故案例分析和经验总结：根据历史事故案例和经验数据，总结和归纳不同条件下泄漏事故的特点和后果，以及应对措施的有效性。这些经验可以作为评估和预测技术的参考和验证。

通过油库安全危险物质泄漏与扩散预测技术的应用，可以帮助油库管理者和从业人员提前识别潜在的风险区域、制定相应的应急预案，并采取必要的控制措施，减少事故发生的可能性，保护人员和环境的安全。

第十一章　油库安全管理与环境保护

第一节　油库安全管理与环境保护的关系

一、安全管理与环境保护的目标对接

在油库领域，安全管理和环境保护是两个关键的方面。将安全管理与环境保护的目标对接起来非常重要，以确保在油库运营中既保障人员和设施的安全，又减少对周围环境的影响。以下是一些实现安全管理与环境保护目标对接的方法。

综合风险管理：综合考虑事故安全和环境风险，并在管理体系中进行统一的风险评估和控制。通过识别、评估和优先处理潜在的安全风险和环境风险，确保安全与环境保护的同时得到有效的管理。

合规性管理：遵守相关安全法规和环境保护法律法规，制定符合要求的安全管理和环境保护措施。确保油库的运营与管理符合国家和地方的安全和环境保护标准。

安全文化建设：培养积极的安全文化，使所有从业人员都具备安全意识和环境保护意识。通过提供培训、宣传和奖惩机制等手段，增强员工对安全和环境保护重要性的理解，并激励他们积极参与安全和环境管理。

环境风险评估和管控：在安全管理的基础上，进行环境风险评估，分析可能对周围环境产生的影响。采取适当的措施来减少或防止环境污染，如废水处理、废气治理和噪声控制等。

应急预案编制与演练：制定完善的应急预案，将事故安全和环境保护纳入其中。规划及时有效的应急响应措施，包括泄漏处置、事故报告和沟通机制等。定期组织应急演练，提高从业人员应急处置能力，减少安全事故和环境事故带来的影响。

二、安全管理制度与环境管理制度的整合

安全管理制度和环境管理制度的整合是确保在油库运营中同时实施有效的安全管理和环境管理的关键步骤。以下是一些实现安全管理制度与环境管理制度整合的方法。

制度整合：将安全管理制度和环境管理制度进行整合，形成一个综合的管理制度框架。这包括将两个制度的政策、目标、流程、职责等内容进行整合，并确保相互之间的内在逻辑和一致性。

风险管理一体化：将安全风险管理和环境风险管理相结合，共同进行识别、评估和控制。可以建立统一的风险管理流程和方法，使安全和环境风险能够得到全面考虑和合理控制。

资源共享：整合安全管理和环境管理的资源，避免重复建设和浪费。例如，可以共享人员培训、设备和监测资源，在提高效率的同时减少成本。

绩效评估指标统一：确定一套统一的绩效评估指标体系，用于对安全和环境管理的绩效进行评价和监控。通过对关键绩效指标的跟踪和分析，可以及时发现问题，并采取必要的改进措施。

管理流程衔接：将安全管理和环境管理的各项流程进行衔接，确保信息传递流畅和协同工作。例如，在事故报告和应急处置流程中加入环境影响评估和环境修复等环节。

员工参与和培训：培养员工具备综合安全和环境管理能力，鼓励他们积极参与安全和环境管理的工作。通过定期培训和沟通交流，提高员工对整合制度的理解和支持，推动制度的有效实施。

三、安全文化建设对环境保护的作用

安全文化建设在油库环境保护方面发挥着重要的作用。安全文化是指在组织内部树立、培养和传承的一种价值观和行为准则，强调对安全的重视和积极参与。下面是安全文化建设对环境保护的几个方面作用。

提升环境意识：安全文化建设强调人员对环境问题的认识和关注，通过教育和培训，使人们了解环境保护的重要性，增强环境意识。员工将更加积极主

动地投入到环境保护工作中，自觉遵守相关规定，减少对环境的影响。

促进环境责任感：安全文化建设强调每个人都有责任为环境保护做出贡献。通过营造良好的工作氛围和激励机制，激发员工的环境责任感。员工会主动提出环境改善的建议，并积极参与环境管理和监督，共同推动环境保护工作的实施。

加强环境风险意识：安全文化建设强调对潜在环境风险的识别和预防。通过安全文化建设，员工将更加关注和重视环境管理中可能存在的风险，主动采取防范措施。他们会积极参与环境风险评估和管控，及时发现问题并提出改进措施。

强化环境管理体系：安全文化建设使得员工将环境保护纳入整个组织的价值观和行为准则中。这将有助于建立完善的环境管理体系，包括制定相关政策和流程、确定目标和指标、确保资源投入等。同时，员工的积极参与也能够推动环境管理体系的不断改进和优化。

增强危机应对能力：安全文化建设注重培养员工的应急响应能力。在环境事故或突发情况下，员工具备相应的知识和技能，能够迅速、有效地应对危机。他们将积极参与环境事故应急处理，最大限度地减少对环境的损害。

第二节　油库环境评估与监测措施

一、油库周边环境评估方法与指标体系

油库周边环境评估是为了评估油库运营对周围环境可能产生的影响和风险，以便采取必要的措施保护环境。以下是常用的油库周边环境评估方法和指标体系。

环境基线调查：进行环境基线调查是评估油库周边环境影响的重要步骤。该调查包括对空气质量、水和土壤质量、噪音水平等方面的监测和分析，以确定当前环境状况及其变化趋势。

风险评估：通过风险评估，可以识别并评估油库运营可能带来的环境风险。这包括对可溶性有机物、重金属等污染物的排放与迁移路径的分析，以及对周

围生态系统和人群健康的潜在风险评估。

生态影响评价：生态影响评价主要针对油库运营对周围自然生态系统的影响进行评估。评估内容包括对植被、野生动物和生态多样性等方面的调查和监测，以及对生态系统功能和稳定性的预测分析。

社会影响评价：社会影响评价使得可以评估油库运营对周围社区和人群的影响。这包括对就业、健康、居住环境和社会文化等方面的调查和分析，以确定潜在的社会问题和需求。

环境指标体系：建立一套科学合理的环境指标体系是进行油库周边环境评估的重要依据。该体系应包括各种环境指标，如空气质量、水和土壤质量、噪音水平、生态指标、健康指标、社会经济指标等，用于定量和定性地评估环境影响程度和变化趋势。

二、油库环境监测技术与设备选型

油库环境监测技术和设备的选型应根据具体的监测目标、要求和环境特点进行选择。以下是常用于油库环境监测的一些技术和设备选项。

空气质量监测技术与设备：用于监测油库周边空气中的污染物浓度，如挥发性有机化合物（VOCs）、氮氧化物（NOx）、二氧化硫（SO_2）等。常见的空气质量监测设备包括气相色谱仪、激光气体分析仪、多参数空气质量监测仪等。

水质监测技术与设备：用于监测油库周围水源、地下水和废水中的污染物浓度和水质指标。可以使用的设备包括 pH 计、溶解氧仪、电导率计、气相色谱-质谱联用仪等。

土壤监测技术与设备：用于监测油库周围土壤中的污染物浓度和土壤性质。常见的土壤监测设备包括土壤采样器、土壤分析仪、土壤微生物活性测定仪等。

声环境监测技术与设备：用于监测油库周边的噪音水平。常见的声环境监测设备包括声级计、噪声分析仪、远程数据传输系统等。

气象监测技术与设备：用于监测气象参数对环境影响的变化，如风向、风速、温度和湿度等。常用的气象监测设备包括气象站、风速风向传感器、温湿度传感器等。

除了上述设备外，还可以考虑使用遥感技术、无线传感网络和自动监测系统等先进技术来实现对油库环境的持续监测和数据采集。

在选择具体的监测技术和设备时，需要考虑监测准确度、灵敏度、稳定性、易用性、数据采集和处理方式、成本效益等因素，并确保选用的设备符合相关标准和法规要求，以保证监测结果的可靠性和可比性。此外，定期的设备维护和校准也是确保监测数据质量的重要环节。

三、地下水和土壤污染监测与评估

油库地下水和土壤污染监测与评估是为了全面了解、评估和管理油库对地下水和土壤环境的潜在影响和风险。以下是油库地下水和土壤污染监测与评估的基本步骤和方法。

调查和采样：进行现场调查，获取油库周边地下水和土壤的基本信息，包括地质条件、水文地质特征和污染源分布等。根据调查结果设计合理的采样方案，并采集地下水和土壤样品。

地下水监测：设置监测井并定期采样，分析样品中的关键指标，如 pH 酸碱度、电导率、溶解氧、总悬浮物、挥发性有机物（VOCs）、重金属和营养物质等。监测数据可用于评估地下水污染程度以及污染物的迁移和扩散情况。

土壤监测：采集油库周边不同深度和位置的土壤样品，进行化学分析，检测土壤中的污染物含量，如石油类化合物、多环芳烃、重金属和农药等。根据监测数据评估土壤污染的程度和分布情况。

污染源追溯和途径判定：通过地下水和土壤监测数据，结合污染源调查结果，追踪污染物传输途径和扩散路径，确定主要污染源、迁移速率和距离，为后续治理和修复提供依据。

污染程度评价：基于监测数据和相关标准，评估地下水和土壤的污染程度。常用的评估方法包括对比目标值、风险评估、环境质量指数等，以了解污染对环境和人体健康造成的潜在风险。

修复措施制定：根据污染程度评估结果，制定符合实际情况的修复方案，选择适宜的修复技术和措施，如土壤挖掘替换、自然修复促进、化学修复或生物修复等。

监测和评估持续性：实施修复措施后，进行持续监测和评估，以确保修复效果达到预期。持续监测可以帮助及时发现问题，并采取必要的调整和改进措施。

重要的是，油库地下水和土壤污染监测与评估应由专业环境工程师或顾问团队进行，确保遵循相关法规和标准，采用正确的方法和技术，以保证监测数据的准确性和可靠性。

四、大气污染监测与评估

油库大气污染监测与评估是为了全面了解、评估和管理油库对周围大气环境的潜在影响和风险。以下是油库大气污染监测与评估的主要步骤和方法。

污染源识别：确定油库空气污染的主要来源，包括储罐排放、挥发性有机物（VOCs）蒸发、燃烧过程以及车辆运输等。通过调查和排放源台账记录等收集相关信息。

监测点设置：根据油库布局和周围环境特征，在合适的位置设置大气污染监测点。监测点应覆盖可能受到污染影响的区域，如油库周边、重要风向区域和敏感地区。

大气污染物监测：选择适当的监测方法和设备，监测大气中关键污染物的浓度，如挥发性有机物（VOCs）、颗粒物（PM）、二氧化硫（SO_2）、氮氧化物（NO_x）等。根据实际情况，可进行连续在线监测或定期采样分析。

监测数据分析：对采集到的大气污染监测数据进行统计和分析，了解污染物的浓度、时空分布以及相关特征。通过与国家和地方相关标准进行对比，评估油库对周围大气环境的影响程度。

暴露评价：根据监测结果和人体暴露途径，评估污染物对工作人员和周围居民的潜在健康风险。结合环境质量标准和毒理学数据，进行风险评估，并采取必要的防护措施。

修复措施制定：根据评估结果和相关法规要求，制定符合实际情况的污染治理和减排措施。例如采用封闭储罐、装设挥发性有机物收集系统、提高燃烧设备效率等。

监测和评估持续性：实施治理和控制措施后，进行持续的大气污染监测，以验证治理效果，并确保环境质量达到规定标准。定期评估监测结果，调整和改进污染治理措施。

重要的是，油库大气污染监测与评估应由专业环境工程师或顾问团队进行，确保遵循相关法规和标准，采用正确的方法和技术，以保证监测数据的准确性和可靠性，并最大限度地减少对环境和人体健康的影响。

第三节 油库环境风险控制与管理

一、油库周边环境风险识别与分析方法

油库周边环境风险识别与分析是为了全面了解、评估和管理油库对周围环境的潜在风险和影响。以下是一些常用的方法和步骤。

储罐和设施调查：对油库内部和周边的储罐和设施进行调查，了解其类型、规模、容量、运营情况以及安全措施等。获取相关资料如操作手册、应急预案等。

环境敏感区划：根据油库周边的环境特征和重要敏感目标（如水源地、居民区、生态保护区等），确定环境敏感区划，并明确不同区域的风险等级。

潜在污染源识别：识别油库周边的潜在污染源，包括气体和液体排放、漏油、废弃物处置和污水排放等。通过现场勘察、设备检查和数据分析等方式进行识别。

风险评估：将潜在污染源与敏感区域的距离、环境介质特征和当地气象条件等因素结合，进行定量或定性的风险评估。常用方法包括风险矩阵分析、敏感性分析和定量风险评估等。

污染物迁移模拟：利用污染物迁移模型，模拟油库周边地下水和土壤中污染物的传输和扩散路径，预测污染物在环境中的分布情况，并确定潜在风险区域。

健康风险评估：根据环境风险评估结果和人口暴露情况，进行健康风险评估，评估潜在风险对人体健康的影响。采用流行病学方法和毒理学数据，计算人体吸入、食入、接触等途径的暴露剂量并评估风险水平。

应急响应准备：根据环境风险评估结果制定应急响应预案，明确事故报告和应急处置程序，配备必要的应急设备和材料，提供培训和演练，确保在事故发生时能够及时有效地应对。

重要的是，油库周边环境风险识别与分析应由专业环境工程师或顾问团队进行。他们具备相关的专业知识和技术，可以根据实际情况确定适合的方法和步骤，并遵循相关法规和标准，确保评估结果的准确性和可靠性。

二、风险管控层级策略与措施

针对油库的风险管控，以下是常用的层级策略与相应措施。

（一）设计与规划层级

风险评估：在油库设计和规划阶段进行全面的风险评估，识别潜在风险源和可能带来的影响。

安全设计：采取适当的安全设计措施，包括符合相关法规和标准的储罐、管道和设备选型、防火防爆设计等。

防范措施：考虑使用可靠的泄漏检测系统、自动灭火装置、紧急切断装置等设备，以及合理的安全间距要求。

（二）培训与操作层级

员工培训：提供必要的培训和教育，确保员工了解安全操作规程、应急预案和危险物质处理方法，并掌握相关技能。

操作规程与程序：制定明确的操作规程和程序，规范存储、运输、操作等环节，并强调安全注意事项和检查要点。

作业许可管理：建立严格的作业许可制度，确保作业前进行适当的安全审查和许可程序。

（三）检查与维护层级

定期检查：进行定期的设备和设施检查，识别并消除潜在的安全隐患和风险源。

维护计划：制定有效的设备维护计划，包括常规保养、修复和更换老化设备的计划，并确保其按时执行。

管理记录：建立健全的管理记录体系，记录设备运行状态、维护记录、事故事件等，形成数据基础供风险评估和改进参考。

（四）应急响应与恢复层级

应急预案：建立完善的应急预案，明确事故应急责任人、应急处置流程及所需资源，确保及时、有序地应对突发事故。

演练培训：定期进行应急演练和培训，提高员工对各类应急情况的应对能力和危机管理技能。

事故调查与改进：对事故进行调查分析，总结教训并及时改进管理措施，以避免类似事故再次发生。

（五）监测与监管层级

大气污染监测：定期进行大气污染物浓度的监测，确保油库周边环境质量的控制和改进。

环境监管：遵守相关环境法规和标准，配合监管部门开展环境安全排查、验收等工作，并积极响应环境监管要求。

重要的是，风险管控层级策略需要根据具体情况和实际需求进行调整和优化。油库管理者应建立一个完整的风险管理体系，确保风险管控策略与措施得到有效实施，并持续改进以提高安全性和可持续发展。同时，定期评估风油库周边环境风险的识别和分析是保障油库运营安全的重要环节。下面是一些常见的方法和措施。

环境调查：对油库周边环境进行调查，包括土壤、水源、大气质量等方面。通过采集样品并进行实验室分析，了解环境中存在的潜在污染物。

风险评估：对油库及其周边环境风险进行评估，确定可能存在的风险源和风险程度。可采用定性和定量评估方法，如事故树分析、危险与操作研究（HAZOP）等。

污染物迁移模拟：通过数值模型进行油库污染物迁移和扩散分析，预测潜在污染物在土壤、地下水或大气中的传播路径和范围。

监测系统：建立油库周边的监测系统，监测环境因素和潜在污染物的浓度变化。可包括实时在线监测设备、采样分析仪器等。

应急响应预案：制定详细的应急响应预案，明确各类紧急情况的应对措施、责任分工和应急资源。进行定期演练和培训，提高员工的应急响应能力。

定期检查和维护：对油库设施和设备进行定期检查和维护，确保其正常运行和安全性。包括检查储罐、管道、泄漏探测系统、防火设施等。

管理与监管：建立健全的管理制度和监督机制，加强对油库的管理和监管。确保符合相关法规和标准要求，及时处理问题和隐患。

需要注意的是，油库周边环境风险识别与分析方法具体应根据实际情况和本地法规的要求来选择和应用。如果有需要，最好寻求专业的环境评估和咨询机构的支持，以确保评估结果的准确性和有效性。

三、油库安全防护设施与装备要求

（一）储罐防护

防雷系统：储罐顶部应设置防雷接地装置，以防止雷击引发火灾或爆炸事故。

防火墙：在储罐之间及储罐与其他建筑物之间设置防火墙，以阻挡火势蔓延。

火灾监测与报警系统：安装火灾探测器、烟雾报警器等设备，能够及时发现火灾并启动报警。

（二）泄漏控制与检测

泄漏探测系统：安装泄漏探测设备，如液位计、压力传感器等，能够及时发现油品泄漏并发出警报。

隔离阀门与停止装置：设置隔离阀门，能够快速切断泄漏部位与储罐之间的连接，防止泄漏扩大。

（三）防静电措施

地线系统：建立良好的地线系统，确保正常的静电平衡和泄放。

接地装置：对液体储罐、管道和设备进行良好的接地，将静电引导到地下。

（四）防爆设备

防爆灯具和电器：在易燃易爆区域使用具有防爆性能的灯具和电器设备。

防爆工具和装置：采用防爆材料制作、带有防爆标识的工具和装置。

（五）应急救援设施

应急喷淋系统：设置应急喷淋系统，用于降温、控制火势或稀释有害物质。

安全出口与逃生通道：设立符合安全要求的安全出口和逃生通道，保证人员能够快速安全地撤离。

消防器材：配备消防器材，如灭火器、泡沫发生器、灭火栓等。

（六）管理措施

健全的安全管理制度：建立健全的安全管理制度，明确责任、规范操作，确保安全风险得到及时识别和管理。

定期检查和维护：定期对设施和装备进行安全检查和维护，确保其正常运行和安全可靠。

培训与意识提升：加强员工的安全培训和意识提升，提高其对安全防护设施和装备的使用和应急处理能力。

需要根据具体情况和相关法规进行合理选择和配置安全防护设施和装备，并确保其使用和维护符合相应要求。

第四节　油库环境事故应急与处理

一、油库环境事故应急响应组织机构与职责

（一）应急指挥部

负责统一指挥、决策和协调应急响应工作。

确定应急预案，并对应急资源进行调度和管理。

进行应急信息发布和媒体沟通。

（二）指挥组

负责指挥现场事故应急工作，制定具体的行动方案。

组织人员、物资和装备的调配和协调。

实施现场指挥与协调，确保应急工作的有序进行。

（三）技术支持组

提供专业技术支持和咨询。

进行现场监测和分析，评估事故影响。

制定环境修复和监测方案。

（四）通信指挥组

负责应急通信网络的建立与运行。

组织内外部通信联络工作，确保信息畅通。

协调各部门和相关单位的合作与配合。

（五）救援组

进行人员搜救和紧急救助工作。

展开火灾扑救和泄漏控制行动。

疏散人员、确保人员安全。

（六）医疗组

提供医疗救护和紧急医疗服务。

进行伤员分类、处理和转运。

配备急救设备和药品。

（七）保障组

负责应急物资的储备与调配。

确保应急设备和装备的正常运行。

提供后勤保障和生活保障。

（八）沟通协调组

与相关政府部门、企事业单位及社会组织进行沟通和协调。

组织召开协调会议，共同应对环境事故。

以上是一般情况下油库环境事故应急响应的组织机构与职责，具体的应急响应组织机构与职责可根据实际情况进行调整和完善。在应急响应过程中，各组之间需要密切合作，形成一个高效协同的工作机制，以确保应急响应工作的顺利进行。

二、应急资源准备与配备要求

油库应急响应资源的准备与配备主要包括以下方面。

（一）人员资源

建立应急响应人员队伍，包括指挥组、救援组、医疗组等。

进行应急培训和演练，提高人员的应急处理能力和专业素质。

明确人员职责和任务，并建立联系机制。

（二）物资资源

储备必要的应急物资，如灭火器材、呼吸器、防护服、急救药品等。

配备紧急喷淋系统、泡沫发生器等灭火设备。

准备应急通信设备，如无线电台、手机、对讲机等。

（三）装备资源

配备适用于油库环境的装备，如消防车辆、泵车、危险品泄漏处理设备等。

拥有高效的泄漏控制工具，如油品围堰、吸污设备等。

配备现场监测仪器，如气体检测仪、液位计等。

（四）技术支持资源

确保专业技术支持，包括环境监测、污染物分析等。

与相关研究机构或专业机构合作，获取技术指导和支持。

（五）资金资源

确保足够的应急响应资金，用于购买、维护和更新应急资源。

制定合理的应急费用预算，确保应急资源的可持续性。

（六）合作机制

建立与其他相关单位的紧密合作机制，如政府部门、消防队、医院等。

签订合作协议或应急援助协议，明确各方的责任和义务。

进行定期的联合演练和应急演练，提高协同配合能力。

在准备与配备资源时，需要根据油库的具体情况进行评估和规划，考虑可能发生的应急事件类型和规模，以及周边环境和社会条件。同时，应进行定期检查和维护，确保应急资源的可靠性和有效性。

三、油库环境事故应急处置流程与措施

油库环境事故应急处置流程与措施如下。

（一）火灾事故

立即启动火灾报警系统，通知应急响应人员和消防部门。

同时进行紧急疏散，确保人员安全撤离。

即刻启动灭火措施，使用合适的灭火器材和装备进行灭火操作。

尽量隔离火灾现场，防止火势扩大。

进行降温和冷却，避免火灾复燃。

（二）泄漏事故

如果发生液体泄漏事件，立即切断液体供应源，并关闭相应的阀门。

启动泄漏报警系统，通知应急响应人员和相关部门。

根据泄漏物质的特性，选择合适的泄漏控制措施，如设置围堰、使用吸污设备等。

建立监测系统，实时监测泄漏范围和扩散情况。

协调专业团队进行泄漏物质的清理和处理。

（三）污染控制

在事故发生后，按照应急预案进行环境污染源的控制和隔离，防止进一步扩散。

制定环境修复方案，进行现场监测和分析，评估事故对环境的影响程度。

采取适当的污染治理措施，如土壤清理、地下水调控等。

监督施工过程中的环境保护措施，确保修复工作符合相应标准。

（四）应急救援

进行人员搜救和紧急救助工作，保障人员生命安全。

提供紧急医疗服务，对伤员进行分类、处理和转运。

启动应急物资储备，提供紧急救援所需的医疗器械、应急药品、食品和饮水等。

协同其他相关部门和机构，合作进行救援和支持工作。

（五）沟通与协调

及时发布事故情况和应急信息，向公众提供准确、及时的信息。

协调与合作伙伴、政府部门和社会组织，共同应对环境事故。

进行事故调查和责任追究，确保事故原因的查明与处理。

以上是一般情况下油库环境事故应急处置流程与措施，具体的应急处置流程与措施需要根据实际情况和应急预案进行制定和执行。在应急处置过程中，要密切配合指挥部的指挥和协调，确保各项措施有机衔接、高效协同，最大限度地减少事故对环境和人员的损害。

四、事故后期环境恢复与修复

事故后期环境恢复与修复是油库环境事故应急处置的重要环节，主要包括以下步骤和措施。

（一）环境评估与监测

进行详细的环境评估，了解事故对土壤、水体、大气等环境要素的污染情况。

设置监测点，并定期进行环境监测，以追踪污染物的变化和环境修复效果。

（二）污染源清除与处理

根据事故类型和污染物特性，制定适当的污染源清除方案。

清除泄漏液体、残留固体等污染源，以防止进一步扩散和二次污染。

使用合适的技术和设备，进行污染物的处理和处置，如化学物质还原、生物降解等。

（三）土壤修复与恢复

根据土壤污染的程度和土壤类型，采取相应的修复措施，如土壤剥离、土壤通气、土壤改良等。

应用适当的生物修复技术，如植物修复、微生物修复等，促进土壤的自然恢复和修复过程。

监测土壤修复效果，并根据监测结果进行调整和改进。

（四）水体治理与恢复

对受污染的水体进行治理，如拦河堰、沉淀池等措施，以防止污染物进一步扩散。

采取适当的水处理技术，如吸附、沉淀、氧化等，对水体中的污染物进行去除和清洁。

进行水质监测，确保水体恢复到符合环境标准的水质要求。

（五）生态修复与恢复

进行植被恢复和生态系统建设，选择适宜的植物种类进行绿化和植被覆盖。

通过生物多样性保护、栖息地恢复等措施，促进受影响生态系统的修复与恢复。

加强生态环境管理，定期对修复效果进行评估和监测。

（六）监督与管理

建立事故后期环境恢复与修复的管理机制，明确责任主体和协作关系。

加强监督和执法，确保环境恢复与修复工作的有效进行。

配合政府部门的监管和指导，履行环境修复的法律义务。

以上是一般情况下油库环境事故后期环境恢复与修复的步骤和措施，具体的工作要根据实际情况和环境恢复预案进行制定和执行。环境恢复与修复是一个长期过程，需要持续的监测和管理，以确保受影响区域的环境质量得到恢复和改善。

第十二章 油库安全管理的国际经验

第一节 国外油库安全管理的历史与现状

一、国外油库安全管理的起源和发展历程

油库作为石油工业的关键环节之一，承担着储存、运输和分配石油及石油制品的重要任务。保障油库的安全运营对于社会经济的稳定发展至关重要。下面将详细介绍国外油库安全管理的起源和发展历程，以期从中汲取经验与教训，推动我国油库安全管理的不断提升。

（一）起源阶段

19世纪下半叶，随着石油工业的兴起和发展，人们开始建造储存石油和石油制品的仓储设施，即油库。当时对于油库的安全管理主要依靠经验和局部规范，缺乏统一的标准和体系。由于油库规模相对较小，数量有限，因此针对油库安全管理的措施也相对简单和粗放。

（二）发展阶段

20世纪初，伴随着石油工业的快速发展和技术进步，油库规模扩大、数量增多，安全管理面临新的挑战。在此期间，逐渐形成了针对油库安全管理的法律法规和行业标准，并建立相应的监管机构。比如美国的《燃料贮存手册》、英国的《石油储罐设计规范》，为油库安全管理提供了基本的参考依据。

同时，工业安全意识的提升促使油库开始引入现代化的安全设备和技术手段。火灾是油库最常见也最严重的安全风险之一，因此消防措施成为油库安全管理的核心内容。在这一时期，油库开始广泛应用火灾报警系统、自动灭火装置、消防泡沫剂等先进技术，大大提高了油库火灾安全的防范和处置能力。

（三）成熟阶段

20世纪后半叶至21世纪，油库安全管理进一步规范和完善，逐步形成较为成熟的管理体系。国际组织和标准化机构发挥了重要作用，颁布了涉及油库安全管理的国际标准和指南，例如美国石油学会（API）的标准、美国国家消防协会（NFPA）的标准等。这些标准和指南明确了油库设计、建设、运营和维护等方面的要求，为油库安全管理提供了国际化的参考依据。

许多国家也建立了专门的油库安全监管机构，加强对油库的执法监督和事故应急处置能力。这些机构负责制定相关法律法规、审批油库的建设和运营计划、开展安全检查和监测等工作，从制度层面推动了油库安全管理的发展。

在成熟阶段，先进技术得到广泛应用，例如油罐防污染措施、火灾自动灭火系统、远程监测与控制技术等。油库安全管理开始注重综合防护和风险评估，通过科学的管理方法和技术手段，提高了油库的安全性能和应急响应能力。

二、国外油库安全管理的现状和主要挑战

（一）现状概述

当前，国外油库安全管理已经形成相对完善的体系，通过法律法规、标准和监管机构等多种手段，确保油库的安全运营。国际组织和标准化机构在油库安全领域发挥了重要作用，通过制定统一的标准和指南，促进了油库安全管理的规范化和国际化。

同时，国外油库安全管理注重风险评估与预防，采取多层次、多角度的措施，保障油库运营过程中各个环节的安全可靠。先进的技术手段和设备广泛应用，如油罐防火措施、火灾自动灭火系统、远程监测与控制技术等，提高了油库的安全性能和应急响应能力。

然而，国外油库安全管理也面临着一些主要挑战，下面将逐一进行介绍。

（二）主要挑战

环境保护与气候变化：随着环境保护意识的增强和气候变化问题的日益突出，国外油库面临着降低环境风险和碳排放的压力。油库需要采取相应的措施来防止泄漏、溢油等事故发生，减少对环境的不良影响，并积极推动清洁能源

替代和节能减排。

恐怖主义和恶意袭击：油库作为能源储备和供应的重要节点，具有较高的潜在危险性，容易成为恐怖分子和破坏分子的目标。因此，国外油库需要加强安全监控和防范措施，提高恐怖袭击和恶意破坏的防御能力，确保油库的安全运营。

技术安全和信息安全：随着信息技术的广泛应用，油库面临着来自网络攻击和信息泄露的威胁。黑客入侵、系统故障等安全事件可能导致油库运营的中断或风险增加。因此，国外油库需要加强网络安全和信息安全管理，确保相关系统和设备的稳定运行和数据的保密性。

应急响应和事故处置：油库发生事故的风险始终存在，如火灾、爆炸、泄漏等。在应对突发事件和事故时，油库需要具备迅速反应和组织协调的能力，有效进行事故处置和应急响应，并最大限度减少人员伤亡和环境污染。

自然灾害：国外油库常面临自然灾害的挑战，如地震、风暴和洪水等。这些灾害可能导致油库设施损毁、泄漏事故、供应中断等问题。因此，油库需要采取相应的防灾减灾措施，提高设施抗灾能力，并制定有效的灾后恢复和重建计划。

（三）应对策略

为了应对上述挑战，国外油库安全管理采取了一系列的应对策略。

加强法律法规和标准制定：持续完善油库安全管理的法律法规体系，明确各个环节的责任和义务。同时制定相关的标准和指南，规范油库的设计、建设、运营和维护等方面。

推动科技创新与应用：积极引进先进的安全技术和设备，提高油库的安全性能和应急响应能力。例如应用远程监测与控制技术、智能预警系统等，实现对油库运行状态的实时监测和远程控制。

强化安全培训与管理：加强员工安全培训和教育，提高油库从业人员的安全意识和技能水平。建立健全的管理体系，包括安全风险评估、应急预案制定、事故调查与分析等方面，确保油库安全管理的科学性和有效性。

加强国际合作与信息共享：通过加强与其他国家和地区的交流与合作，分享油库安全管理经验和技术成果。同时加强信息共享和协同，及时掌握国内外油库安全动态和新技术发展，提前预防和应对安全风险。

完善应急响应机制：建立健全的应急响应机制，包括组织结构、指挥体系、资源调配等方面。开展定期演练和模拟演习，提高应急处置能力，并与相关机构建立紧密合作，形成合力应对突发事故。

三、国外油库安全管理的成就与经验

国外油库安全管理取得了一系列的成就和经验，以下是其中的几点。

法律法规和标准体系的完善：国外油库安全管理建立了完备的法律法规体系，明确了各个环节的安全责任和义务。同时制定了一系列的标准和指南，规范了油库的设计、建设、运营和维护等方面。这些法律法规和标准的制定为油库安全管理提供了强有力的法律依据和操作指导。

风险评估和预防措施的推广应用：国外油库注重风险评估，通过科学的方法对潜在风险进行评估，并针对性地采取相应的预防措施。例如，在设计阶段考虑设备可靠性和安全性、采用先进的防污染技术和防火措施等等。这些预防措施有效降低了事故发生的概率，提高了油库的安全性能。

技术创新与应用：国外油库积极引进先进的安全技术和设备，促进了油库安全管理的不断创新和进步。例如，应用火灾自动灭火系统、可视化监测设备、远程监测与控制技术等，实现了对油库运行状态的实时监测和远程控制。这些技术的应用提高了油库的安全性能，减少了事故风险。

安全培训和教育的加强：国外油库注重员工安全培训和教育，提高从业人员的安全意识和技能水平。通过开展培训课程、举办安全演习和知识分享等活动，提高了员工对安全事故的应急响应能力，增强了他们的安全责任感。

应急响应体系的建立：国外油库建立了完善的应急响应体系，包括组织结构、指挥体系和资源调配等方面。在突发事件和事故发生时，油库能够迅速反应和组织协调，有效进行事故处置和应急响应，最大限度地减少人员伤亡和环境污染。

国际交流与合作的推进：国外油库积极与其他国家和地区进行交流与合作，共享经验和信息。通过参加国际会议、组织合作项目等方式，吸取其他国家油库安全管理的成功经验，并分享自身的经验和成果，推动油库安全管理水平的提升。

这些成就和经验为国外油库安全管理树立了良好的典范，同时也提供了有益的借鉴和参考价值。我国在油库安全管理方面可以从中汲取经验，进一步完善我国的法律法规体系、推动技术创新与应用、加强安全培训与教育、建立健全的应急响应体系，以确保我国油库的安全运营。

第二节 国外油库安全管理的制度与手段

一、国外油库安全管理的法律法规体系

国外油库安全管理的法律法规体系主要包括以下几个方面。

油库设计与建设：针对油库的设计和建设，国外制定了相关的法律法规。这些法规对油库的选址、土地使用、建筑结构和设备布置等方面进行了规范，确保油库在设计和建设过程中符合安全要求。

运营与维护：国外针对油库的运营与维护制定了一系列的法律法规。这些法规规定了油库的日常运营管理要求，包括设备检修、维护保养、操作规程、事故报告和记录等方面，旨在确保油库的安全稳定运行。

安全管理责任：为了明确各个环节的安全管理责任和义务，国外制定了一系列的法律法规。这些法规规定了油库经营单位和从业人员的安全管理责任，要求他们加强安全培训、制定应急预案、进行安全风险评估和控制等，以确保油库的安全运营。

环境保护：国外注重油库的环境保护，制定了相关的法律法规。这些法规要求油库在运营过程中采取环境保护措施，防止污染物的泄漏和排放，保护周边环境的安全与健康。

应急管理：国外制定了一系列的法律法规，用于指导油库的应急管理工作。这些法规包括应急预案编制、事故报告和调查、紧急救援等方面的要求，以确

保油库在突发事件和事故发生时能够迅速有效地进行应急响应和处置。

以上是国外油库安全管理的法律法规体系的主要内容。这些法律法规的制定为油库安全提供了明确的要求和规范，为油库经营单位和从业人员提供了依据和指导，促进了油库安全管理水平的提升。

二、油库安全管理的组织机构和责任分工

国外油库安全管理的组织机构和责任分工通常可以根据不同国家或地区的实际情况有所差异。下面是一般情况下的组织机构和责任分工。

政府机构：政府在国外油库安全管理中起着重要作用，负责制定监管政策、法规和标准，并监督执行。政府通常设立专门的部门或机构来负责油库安全管理事务。

监管机构：这些机构由政府设立，负责监督和审查油库的安全运营，确保符合相关法规和标准。监管机构通常负责许可证的发放以及定期检查和评估油库的安全性。

油库经营者：油库经营者是直接负责油库安全管理的主体，他们需要制定和执行安全管理计划，并确保油库设施和操作符合法规和标准要求。他们负责雇佣和培训员工，管理设备维护和应急响应等事务。

安全团队：油库通常设立专门的安全团队，负责日常的安全管理和应急响应工作。这些团队成员必须接受专业培训，掌握火灾安全、泄漏处理、危险品管理等方面的知识，并定期进行演习和培训。

员工：油库的员工在日常工作中也承担着重要的责任，他们需要遵守安全操作规程，使用个人防护设备，及时报告安全隐患，并参与应急演练和事故处置工作。

此外，其他相关利益相关者，如消防部门、环境保护机构、专业咨询公司等也可能参与油库安全管理工作，提供技术支持和监督。总之，国外油库安全管理需要政府、监管机构、油库经营者、安全团队和员工共同合作，各尽其责，确保油库运营安全可靠。

三、国外油库安全管理的技术手段和装备应用

国外油库的安全管理依赖于多种技术手段和装备应用,以确保油库的安全运营和防范潜在的事故风险。这些技术手段和装备应用涵盖了预防、监测、控制和应急响应等方面。以下是一些常见的技术手段和装备应用。

（一）预防措施

设计安全：油库的设计应充分考虑防火、防爆和泄漏风险。例如,采用防火墙、阻燃材料和防爆电器等。

静电控制：静电是引发火灾和爆炸的潜在危险因素,油库通常采用接地系统、静电消除器和防静电设备来控制静电积聚和释放。

管道防护：采用防腐层、防堵装置、防护罩和泄漏检测装置等,提高管道的安全性能,减少泄露和破损的风险。

（二）监测系统

火灾监测系统：通过火焰和烟雾探测器等设备实时监测油库内的火灾情况,及时触发报警并采取相应的灭火措施。

气体监测系统：使用气体传感器和检测器监测油库中的可燃气体和有毒气体浓度,当超过安全范围时,发出警报并采取必要的措施。

泄漏监测系统：利用泄漏传感器和监测仪器来实时监测管道和设备的泄漏情况,准确发现和定位泄漏源,并及时采取修复措施。

（三）安全装备

消防设备：包括消防水枪、喷淋系统、泡沫灭火系统等,用于在油库发生火灾时进行扑救和抑制。

个人防护装备（PPE）：如防火服、防化服、呼吸器等,用于员工进入潜在危险区域时保护其安全。

应急救援装备：例如逃生绳索、应急呼吸器、急救箱等,为应对紧急情况提供必要的支持和保障。

（四）自动化和智能化系统

安全控制系统：采用现代化的仪器和控制设备,实现油库安全运营的自动化和智能化管理。例如,自动监测、报警、关断以及紧急停机等。

远程监控系统：通过网络和无线传输技术，实现对油库安全状态的远程实时监控和数据收集，及时发现异常情况并做出相应处理。

（五）数据分析和管理系统

安全管理软件：利用信息技术开发安全管理和风险评估软件，帮助管理人员更好地监测和管理油库的安全情况。

数据分析和预测模型：通过收集和分析油库运营数据，建立模型和算法，对油库安全进行预测和风险评估，以便提前采取相应的措施防范事故发生。

以上是一些国外油库安全管理中常见的技术手段和装备应用。这些措施有助于提高油库的安全性能，减少事故风险，并及时应对紧急情况。然而，不同国家和地区在油库安全管理方面的要求和实施方式可能会有所不同，具体应根据当地的法规、标准和最佳实践来制定和实施相关的安全管理措施。

第三节 国外油库安全管理的启示与借鉴

一、国外油库安全管理的成功经验与教训

国外油库安全管理的成功经验和教训对于其他地区和国家的油库安全管理具有重要的借鉴意义。以下是一些常见的成功经验和教训。

（二）成功经验

强制性法规和标准：国外油库安全管理得以成功的一个关键因素是建立了完善的法规和标准体系。这些法规和标准对油库的设计、建设、操作和维护等方面进行了明确规定，强制执行可以确保油库按照最高标准进行管理。

健全的安全管理体系：成功的油库安全管理建立在健全的安全管理体系之上。包括明确的职责和权限分工、良好的沟通渠道、有效的培训和意识提升机制等。同时，还需要建立完善的过程控制和监测系统，并进行定期的安全审查和评估。

先进的监测和控制技术：国外油库安全管理注重应用先进的监测和控制技术。例如，使用精密的传感器和仪器来实时监测油库内的火灾风险、气体浓度

和泄漏情况，并通过自动化控制系统快速响应并采取相应的措施。

应急响应和演练：成功的油库安全管理依赖于有效的应急响应和演练。油库管理人员需要制定详细的应急计划，并定期组织实施应急演练，以确保员工对应急程序和设备的正确使用，并能够迅速、有效地应对紧急情况。

（二）教训

重视人员培训和安全意识：一些事故发生往往是因为员工缺乏必要的培训和安全意识。因此，在油库安全管理中，需要给予员工充分的培训，使他们了解安全规程、操作程序和紧急处理方法，并提高他们的安全意识。

定期检查和维护设备：定期检查和维护油库设备的正常运行对于预防事故非常重要。一些事故发生于设备故障或疏忽导致的问题。因此，油库管理人员应建立完善的维护计划，并确保设备按计划进行定期检查和维护。

加强油库安全文化建设：成功的油库安全管理需要建立良好的安全文化。油库管理人员需要强调安全的重要性，鼓励员工提出安全问题和建议，并及时采取措施解决问题。此外，还应建立举报机制，鼓励员工主动报告潜在的安全风险。

持续改进和学习：油库安全管理是一个不断改进和学习的过程。管理人员应持续关注最新的安全技术和最佳实践，并根据实际情况进行调整和改进。同时，也要吸取其他油库事故的教训，及时加强自身安全管理措施。

以上是国外油库安全管理的一些成功经验和教训。通过总结这些经验教训，我们可以更好地理解和应用有效的油库安全管理措施，确保油库运营的安全性和可靠性。不同国家和地区的油库安全管理存在一些差异，因此，在制定和实施具体的安全管理策略时，需要结合当地的法规、标准和最佳实践进行综合考虑。

二、国外油库安全管理的创新理念与实践

国外油库安全管理不断推陈出新，涌现了一些创新的理念和实践，以应对日益复杂的油库安全挑战。以下是一些国外油库安全管理的创新理念和实践。

全生命周期管理：传统的油库安全管理往往聚焦于建设和操作阶段，而全生命周期管理强调从设计、建设、运营到退役的全过程安全管理。这意味着在

油库的每个阶段都要考虑安全因素，包括设计时的风险评估、运营时的监测和控制、维护时的设备检查和修复，以及退役时的资源回收和环境保护。

数据驱动的决策：借助先进的信息技术和大数据分析，国外油库安全管理越来越注重数据的收集、分析和利用。通过实时监测和数据分析，可以及早发现异常情况和潜在风险，并基于数据做出科学的决策。例如，使用物联网设备收集油库运行数据，应用人工智能技术进行故障预测和优化。

风险评估与管理：除了传统的定性风险评估，国外油库安全管理越来越注重定量化的风险评估方法。借助风险模型和技术手段，对不同的风险进行定量分析，评估其潜在影响，并采取相应的管理措施。同时，也注重风险管理的动态性，持续监测和更新风险评估结果，并根据情况调整管理策略。

参与式管理：国外油库安全管理鼓励员工和相关利益相关者积极参与管理决策和实践。通过培训和沟通，提高员工的安全意识和主动性，激发他们的创新能力和安全责任感。此外，还与当地社区、政府和其他利益相关者建立合作关系，共同推动油库安全管理的改进和创新。

可持续发展：国外油库安全管理逐渐将可持续发展纳入考虑范围。除了对环境影响的管理，还注重社会责任和经济效益的平衡。例如，在油库设施的设计和运营中，采用低碳、节能的技术和设备，优化资源利用，减少对环境的影响。同时，也注重员工福利和油库周边社区发展，与当地居民建立良好的关系。

应急响应和危机管理：国外油库安全管理越来越强调应急响应和危机管理的重要性。通过建立健全的应急预案和演练，确保在事故发生时能够迅速、有效地采取应对措施，并最小化损失。此外，引入创新的技术手段，如无人机和机器人等，提高应急响应的效率和安全性。

持续改进和学习：创新理念要求油库安全管理始终保持学习和不断改进的态度。国外油库安全管理注重跟踪最新的技术发展和安全实践，关注其他行业的经验借鉴。通过定期的安全审查和评估，分析事故案例，并进行经验总结和分享，以不断改进安全管理措施。

国外油库安全管理的创新理念和实践提供了宝贵的经验和启示，对于其他地区和国家的油库安全管理具有参考和借鉴价值。在实施时，应根据当地的法规、标准和条件进行适度调整，确保其适应性和可操作性。同时，持续关注新的技术和实践，积极推动油库安全管理的创新和提升，为保障人员安全和环境保护做出更大的贡献。

三、国外油库安全管理的可借鉴点与适用性分析

随着全球经济的发展和能源需求的增长，石油储备和储运设施的重要性日益凸显。国外在油库安全管理方面积累了丰富的经验，这些经验对于其他国家油库的安全管理具有一定的借鉴意义。

（一）技术手段

先进监控系统：国外油库普遍采用先进的视频监控技术、红外线探测技术和无人机巡检技术等，实现对油库区域的实时监控和异常情况的及时发现，有效提高了油库的安全防范能力。

安全防爆设备：国外油库在设备选型、设计和安装中注重使用符合国际标准和规范的安全防爆设备，如防静电地板、防火墙和防爆门等，确保设施操作过程中不会引发火灾、爆炸等安全事故。

火灾探测与抑制系统：国外油库普遍应用先进的火灾监测与抑制系统，包括火灾报警系统、自动喷水灭火系统和气体灭火系统等，能够在火灾发生时及时控制火势并保护油库设施及周边环境安全。

（二）管理机制

安全培训与演练：国外油库注重员工的安全培训和演练工作，包括设备操作规程、应急预案和危险品处理等方面的培训，提高员工对安全风险的认识和应对能力。

完善的管理体系：国外油库建立了完善的安全管理体系，包括安全责任制度、安全检查制度和事故隐患排查制度等，确保安全管理工作能够有序进行。

信息共享和合作机制：国外油库通过信息共享和合作机制，与相关部门、企业和社区建立紧密联系，共同参与油库安全管理工作，提升整体安全管理水平。

（三）应急响应

应急预案与演练：国外油库制定了详尽的应急预案，并定期进行应急演练，

提高油库在突发事件发生时的应对能力和协同作战能力。

应急设备与物资准备：国外油库建立了完善的应急设备和物资储备系统，包括泵车、防污染设备和灭火器等，以应对不同类型的应急情况。

跨界合作与经验交流：国外油库积极参与跨界合作和经验交流活动，与其他国家或地区的油库共享经验，互助互利，共同提高油库的安全管理水平。

第四节 国际与国内油库安全管理的比较

一、国际油库安全管理标准与指南对比

国际油库安全管理标准与指南是关于油库安全管理的重要工具，针对不同的国家和地区制定了相应的标准与指南。下面将比较两个主要的国际油库安全管理标准与指南：美国 API 2350 和欧盟 EN 14015。

（一）API 2350 标准

API 2350（石油储存罐安全规程）是由美国石油学会（API）制定的，适用于石油产品储存罐的安全管理。以下是 API 2350 标准的主要特点。

目标：API 2350 旨在确保石油产品储存罐的安全性，防止泄漏和火灾等事故发生，并提供预防、控制和应急响应的指导。

风险评估：API 2350 要求进行风险评估，并根据评估结果确定适当的安全措施，以减少或消除潜在风险。

设备要求：API 2350 详细说明了石油产品储存罐的设计、建造、维护和操作要求，包括容量测量设备、超液位保护装置、排泄系统等。

告警与监测：API 2350 要求实施有效的告警和监测系统，以及自动停泵装置、液位报警和超液位切断装置等设备，以便在出现异常情况时及时采取措施。

（二）EN 14015 指南

EN 14015（储罐和球形容器的设计和制造标准）是由欧洲标准化组织（CEN）发布的，适用于各种类型的工业储罐。以下是 EN 14015 指南的主要特点。

设计要求：EN 14015 详细描述了储罐的设计要求，包括结构强度、材料选择、防腐保护、运输和安装等方面。

施工规范：EN 14015 对储罐的施工过程提供了详细的规范，如焊接、铆接、涂装和检验等，以确保储罐的质量。

检验与维护：EN 14015 要求定期对储罐进行检验和维护，包括表面涂层的检查、内部清洁和防腐处理等。

安全管理：EN 14015 指导储罐的安全管理，包括应急响应程序、火灾防护、静电控制和气体检测等方面。

（三）对比

API 2350 和 EN 14015 是两种不同的油库安全管理标准与指南，它们的主要区别如下。

国别差异：API 2350 是美国的标准，而 EN 14015 是欧盟的指南。由于不同国家和地区的法规和标准有所不同，因此具体适用范围可能会有一些差异。

着重点不同：API 2350 更注重储罐操作和管理方面的问题，强调风险评估和设备要求；而 EN 14015 更关注储罐的设计和制造，着重于结构和施工规范。

法规依从性：在特定国家或地区，储罐的安全管理可能会受到当地法规的约束。因此，在具体实施时，需要根据所在国家或地区的相关法规要求来确定适用的标准与指南。

总之，API 2350 和 EN 14015 是两种重要的国际油库安全管理标准与指南。它们都致力于确保油库的安全性，并提供了一系列的要求和指导，以预防和控制事故的发生。在选择适用的标准与指南时，应考虑所在国家或地区的法规要求，并结合油库的具体情况进行综合评估和决策。

二、国际油库安全管理案例与国内对应情况对比

国际油库安全管理案例与国内对应情况的比较是了解国际和国内油库安全管理实践的重要途径。以下将就国际和国内的油库安全管理案例进行对比，并探讨其异同点。

（一）国际油库安全管理案例

美国埃克森美孚石油泄漏事故：1999年，埃克森美孚在美国得克萨斯州的一个油库发生石油泄漏事故，导致大量石油外泄，严重影响了环境和人民的健康。该事件暴露了油库安全管理不完善、缺乏有效的防护设施和紧急响应机制的问题。

西班牙坎布里尔斯火灾事故：2020年，西班牙坎布里尔斯港口附近的一个石化工厂发生火灾，导致油罐爆炸并引发大火。此次事故造成多人伤亡和环境污染，凸显了油库火灾防护和应急处理的重要性。

（二）国内油库安全管理案例

中国大连石化爆炸事故：2018年，中国大连石化公司发生爆炸事故，导致多个油罐受损并引发大火。该事件造成多人死亡和重伤，并造成环境污染。这一事故揭示了国内油库安全管理中存在的问题，如设施老化、安全培训不足和应急响应不及时等。

中国港口油罐泄漏事故：2019年，中国某港口发生油罐泄漏事故，导致大量石油外泄并污染周边海域。此次事故暴露了国内油库安全监管和应急响应能力的不足。

（三）比较与对比

法规体系：国际上，许多国家都有完善的油库安全管理法规体系，并建立了相应的标准与指南。而在国内，虽然已经有相关法规，但在实际执行过程中还需要进一步完善。

技术设备：国际油库安全管理案例中，常见的问题是防护设施和监测系统不完善，缺乏先进的技术设备。国内也面临类似挑战，需要加强技术装备的更新和升级。

应急响应：国际案例中的油库安全事故往往暴露了应急响应机制的不足。国内也面临类似问题，需要加强应急演练和培训，提高应急响应能力。

安全文化：国际上一些先进的油库安全管理案例显示，注重安全文化建设是保障油库安全的重要因素。国内在安全文化方面还有待加强。

三、国际与国内油库安全管理的差距与改进方向

（一）法规体系

国际：许多国家都建立了完善的油库安全管理法规体系，制定了具体标准和指南，规范油库的设计、建设、运营和维护。

国内：虽然国内已有相关法规，但在实施中存在一些问题，如法规落地不及时、执行不严格等。因此，需要加强法规的科学性、可操作性和监督执行。

改进方向：加强油库安全管理法规的制定和修订，更新适应技术发展和行业需求的法规要求。同时，强化法规执行力度，加强对违规行为的监管和处罚力度。

（二）技术设备

国际：国际上的油库普遍采用先进的监测设备、防护装置和报警系统，能够实现实时监测、预警和自动控制。

国内：国内油库的技术设备往往相对落后，存在一些盲区和漏洞，技术设备更新换代较慢。

改进方向：促进技术设备的更新升级，引入国际先进技术和设备，提高油库安全监测、控制和应急响应能力。加强对技术设备的维护和定期检修，确保其正常运行和有效性。

（三）应急响应机制

国际：国际上的油库通常建立了完善的应急响应机制，包括预案编制、应急演练、培训等，能够快速反应和处理突发事件。

国内：国内油库在应急响应方面存在不足，缺乏有效的预案、演练和培训，处理事故时响应时间长、效率低。

改进方向：建立健全油库应急管理体系，制定完善的应急预案，并进行定期演练和培训，增强员工应急响应能力。加强与相关部门的合作与沟通，提高事故应急处置的协同性和效率。

（四）安全文化

国际：国际油库注重安全文化建设，通过安全培训、员工参与和安全意识教育等手段，形成了安全文化氛围。

国内：国内油库在安全文化方面存在不足，对安全管理的重视程度有待提高。

改进方向：加强油库安全文化建设，推动企业和员工形成共同的安全意识和价值观。加强安全培训和教育，培养员工的安全意识和责任意识。鼓励员工积极参与安全管理，推动安全文化的深入发展。

总之，国际与国内油库安全管理存在一定差距，包括法规体系、技术设备、应急响应机制和安全文化等方面。为了提升国内油库的安全管理水平，需要在以下方面进行改进。

法规体系：加强油库安全管理法规的制定和修订，与国际接轨，确保法规的科学性、可操作性和执行力度。加强对违规行为的监管和处罚力度，提高法律的威慑作用。

技术设备：引入先进的监测设备、防护装置和报警系统，提高油库安全监测、控制和应急响应能力。加强技术设备的维护和定期检修，确保其正常运行和有效性。

应急响应机制：建立健全的油库应急管理体系，包括制定完善的应急预案，并进行定期演练和培训，以提高员工的应急响应能力。加强与相关部门的合作与沟通，提高事故应急处置的协同性和效率。

安全文化：注重安全文化建设，通过安全培训、员工参与和安全意识教育等手段，形成良好的安全文化氛围。鼓励员工积极参与安全管理，推动安全文化的深入发展。

经验交流与合作：加强国际的油库安全管理经验交流与合作，学习借鉴国际先进经验与最佳实践。通过参与国际标准制定、行业研讨会等方式，提高国内油库安全管理水平。

第十三章 油库安全管理的社会责任

第一节 油库行业的社会责任意识

一、油库行业的社会责任原则

油库行业的社会责任原则是指在经营和管理过程中，企业应遵循的一系列基本原则，以确保对社会、环境和利益相关者负责。以下是油库行业的社会责任原则。

安全与健康原则：油库企业应确保设施和操作符合安全和健康标准，保护员工和周边居民的生命和身体健康。

环境保护原则：油库企业应采取有效措施减少环境污染和资源浪费，推动可持续发展和能源转型。

社区参与原则：油库企业应积极参与社区活动，增加企业与周边居民的互动和了解，共同推进油库安全管理。

透明与信息公开原则：油库企业应建立健全的事故报告和信息公开机制，及时向公众披露油库安全和环境情况，保护公众知情权。

合规性与道德原则：油库企业应遵守国家法律法规和行业标准，坚持诚信经营，避免违反商业道德和操纵市场行为。

创新与技术引领原则：油库企业应推动技术创新和提高管理水平，通过先进技术手段实现更为安全高效的油库管理。

持续改进原则：油库企业应不断完善安全管理体系，加强员工培训和教育，提高安全意识和应急响应能力。

利益相关者关注原则：油库企业应重视利益相关者的合理关切，与政府、业务伙伴、员工和社会公众进行积极的沟通和合作。

二、油库行业的社会责任行动

油库行业的社会责任行动可以包括以下几个方面。

环境保护：油库行业应该致力于减少对环境的影响。他们可以采用先进的技术和设施，以减少排放物的释放，并且加强油品储存和处理过程中的环境监测。

安全管理：油库行业需要确保其运营过程安全可靠。这包括定期维护和检修油库设施，提供安全培训和意识教育给员工，制定紧急情况应对计划，以及与相关部门合作，确保油库的安全运营。

社区参与：油库行业应积极参与社区事务，并与当地居民建立良好的合作关系。他们可以组织社区活动、赞助当地的公益项目或提供就业机会，以回馈社区并改善周边居民的生活质量。

资源节约：油库行业可以通过推广能源节约和资源回收利用的措施来降低对自然资源的消耗。例如，优化油品储存和输送过程，减少能源损耗；推广废油回收再利用技术，减少废弃物产生。

透明度与合规性：油库行业应秉持诚信和透明的原则，确保所有运营活动符合法律法规和行业标准。他们应定期公布运营信息，并接受独立第三方的监督和审计，以确保合规性及其社会责任的履行情况。

总之，油库行业的社会责任行动应该涵盖环境保护、安全管理、社区参与、资源节约以及透明度与合规性等多个方面，力求在业务运营中平衡经济效益与社会效益，合理利用资源并为社会做出贡献。

第二节 油库安全管理的社会责任要求

一、安全生产责任

油库安全生产责任是指油库行业在运营过程中，应承担保障安全的责任。以下是油库安全生产责任的一些要点。

法律法规遵守：油库必须严格遵守相关的法律法规和政府监管要求，包括但不限于建设许可、安全生产许可证等。同时，油库应对员工进行安全教育培训，确保员工了解和遵守相关的安全规定。

设施设备安全：油库应确保其设施设备的正常运行和维护，并定期进行检修，预防和排除可能发生的安全隐患。这包括储罐、输送管道、泄漏报警系统、防火设施等各个方面。

灾害防范与应急响应：油库应制定灾害防范和应急预案，并组织相应的演练与培训，以应对各类灾害事故可能造成的危害。在发生事故时，油库应及时启动应急预案，采取措施保护人身安全和环境，最大限度地减少损失。

安全监测与控制：油库应建立健全的安全监测系统，对油品储存、生产过程中的各项指标进行实时监控。并采取相应的控制措施，确保安全生产有序进行。

责任追究与改进：油库应建立完善的责任追究机制，对安全事故进行调查和分析，并依法追究相关责任人的责任。通过总结经验教训，不断改进工作，提升安全管理水平。

二、环境保护责任

减少污染排放：油库应采取措施降低或防止对空气、水体和土壤等环境的污染。可以通过安装污染治理设施，如废气处理系统、污水处理设备等，减少有害物质的排放。

废弃物管理：油库应规范处理废弃物，包括废油、废水、废渣等。可以实施废弃物分类、回收和正确处置，避免对环境造成二次污染。

节约资源：油库应推广节能和资源回收利用技术，减少能源消耗和资源浪费。例如，引入节能设备，优化工艺流程，提高资源利用效率。

环境风险管理：油库应建立环境风险评估和管理机制，预防和应对可能引发环境事故的危险源。通过制定应急预案、加强设施维护、进行定期巡检等措施，最大限度地降低环境事故的发生概率和对环境的损害。

生态保护与恢复：油库应积极参与生态保护和恢复工作。可以开展植树造林、湿地保护、野生动物保护等活动，促进生态环境的恢复和改善。

公众参与与信息公开：油库应积极与相关利益相关方进行沟通和合作，听取公众意见,建立透明沟通机制。并及时向公众公开企业的环境数据和管理情况,增强社会监督力度。

总之,油库行业在环境保护方面的责任包括减少污染排放、废弃物管理、节约资源、环境风险管理、生态保护与恢复以及公众参与与信息公开等方面。通过履行环境保护责任,油库行业可以减少对环境的不良影响,促进可持续发展,并为社会和自身带来更多长期利益。

三、健康和安全责任

工作场所安全:油库应确保工作场所符合相关安全标准,并采取措施预防事故发生。这包括提供必要的安全设备和防护装备,确保设施和设备的正常运行,以及定期进行安全检查和维护。

员工培训与意识教育:油库应为员工提供必要的安全培训,使他们了解和遵守安全操作规程和程序。同时,通过开展安全意识教育活动,增强员工对安全问题的认识和重视,促进安全文化的建立。

事故预防与应急响应:油库应制定相应的事故预防计划和应急响应预案,并组织演练和培训,以保障员工和设施的安全。在发生事故或紧急情况时,油库应及时启动应急预案,采取适当措施,最大限度地减少人身伤害和财产损失。

健康管理与监测:油库应关注员工的健康状况,并建立健康管理体系。这包括定期体检、职业病防控、危险品接触监测等,确保员工的身体健康和职业安全。

社会责任与公众安全:油库应尊重和保护客户、居民和公众的安全与健康需求。通过合规运营、噪音控制、排放减少等措施,减少对周围环境和社区的不良影响。

事故调查与改进:油库应建立完善的事故调查机制,分析事故原因并采取相应的纠正措施,以避免类似事故再次发生。通过总结经验教训,不断改进安全管理措施,提高健康和安全管理水平。

油库行业的健康和安全责任包括工作场所安全、员工培训与意识教育、事故预防与应急响应、健康管理与监测、社会责任与公众安全以及事故调查与改进等方面。通过履行健康和安全责任，油库行业可以保障员工和公众的健康与安全，实现经营的可持续发展。

第三节 油库安全管理的社会责任实践

一、建立科学的安全管理体系

建立科学的安全管理体系是确保油库安全运营的重要举措。下面是建立科学的安全管理体系的关键步骤。

建立安全政策和目标：油库应制定适合自身特点的安全政策，并明确安全目标，以确保整个组织对安全的重视和承诺。

风险评估与控制：进行全面的风险评估，确定潜在的安全风险和危害源。针对风险，采取相应的控制措施，通过工程技术手段、操作规程和培训等手段，降低事故发生的可能性和影响。

核心安全程序：建立与油库经营活动密切相关的核心安全程序，涵盖工艺操作、设备维护、应急预案等方面。确保所有员工都清楚理解和遵守这些程序，从而减少人为因素导致的事故发生。

安全培训与教育：为员工提供必要的安全培训和教育，使其具备应对突发情况和执行安全规范的能力。培训内容包括安全意识、紧急逃生演练、事故处理等，以提高员工的安全素养和应对能力。

安全监测与改进：建立安全监测和评估机制，通过定期巡检、安全数据分析和管理评审等手段，及时发现并纠正潜在的安全隐患。同时，根据经验教训和技术发展，不断改进安全管理体系，以适应变化的安全需求和挑战。

参与与沟通：加强与员工、相关利益相关方和监管机构之间的沟通与合作。鼓励员工积极参与安全管理，并接受他们的反馈和建议，共同促进安全文化的建设。

持续改进：建立持续改进的机制，实施内外部的安全审核和评估。通过监测关键绩效指标和制定改进计划，不断提升安全管理水平和绩效。

二、加强培训和教育

油库加强培训和教育是非常重要的,它可以提高员工的专业知识和技能,增强安全意识,降低事故风险。以下是一些可能的培训和教育措施。

安全培训:提供针对油库操作的安全培训课程,包括正确使用设备、处理紧急情况和化学品、火灾防护等内容。这将帮助员工了解潜在的危险,并学习如何预防和应对突发事件。

技术培训:提供与油库操作相关的技术培训,例如油品储存管理、卸油装置维护和操作等。这样可以确保员工具备适当的技能,能够有效地进行油库操作和维护。

环境保护培训:加强员工对环境保护的培训,包括废物处理方式、污染防治措施等。油库作为涉及危险品的场所,必须采取措施保护周围环境的安全。

员工意识教育:通过组织定期会议、宣传活动等方式,加强员工对安全意识和责任的教育。这可以提醒他们时刻保持警惕,遵守操作规程,减少潜在风险。

应急演练:定期组织应急演练,让员工熟悉应对突发事件的程序和方法。通过实地演练,可以提高员工的反应能力和处理紧急情况的技巧。

通过加强培训和教育,油库可以确保员工具备必要的知识和技能,从而提高工作效率,降低事故发生的概率,并保护好周围环境的安全。

三、定期进行安全检查和评估

油库进行定期的安全检查和评估是非常重要的,目的是确保油库的运营安全和环境保护。

安全检查通常包括以下内容。

设备检查:对储油设备、输送管道、阀门等进行检查,确保其完好无损,正常运行。

泄漏检查:检查储油设备和输送管道是否存在泄漏问题,以及泄漏监测系统的运行情况。

防火设施检查:检查消防设备和消防系统是否齐全、有效,并进行定期测试和维护。

环境监测：对油库周边环境进行监测，确保没有污染物泄露或超过限值的情况。

管理制度检查：检查油库的安全管理制度和操作规程是否合规、有效。

评估工作包括分析安全检查结果、制定改进措施，以及评估风险和制定应急预案。根据评估结果，油库可以确定必要的修复、更新或改进项目，并进行相应的投资和计划。

通过定期的安全检查和评估，油库可以及时发现潜在的安全隐患，采取相应的措施进行修复和预防，确保油库运营安全，并减少对环境的影响。同时，这也是符合法律法规和监管要求的必要工作。

第四节　油库安全管理的社会评价与认证

一、社会评价的标准和指标

油库安全管理的社会评价标准和指标是评判油库安全管理工作是否达到合理水平的依据。以下是一些常见的评价标准和指标。

法律合规性：评估油库是否符合相关法律法规、政策文件以及行业标准要求，包括安全许可证、环境保护手续等。

安全设施完备性：评估油库内部的安全设施，如储罐、泄漏控制设备、消防系统等是否完备，并且是否定期检修和维护。

应急响应能力：评估油库应对事故和突发事件的应急预案、演练情况以及现场应急设备的配备情况，包括火灾疏散计划、漏油应急处置等。

安全培训和管理制度：评估油库安全管理部门的组织架构、人员配备、岗位职责等，以及安全培训、考核等制度是否健全。

环境保护措施：评估油库对周边环境的保护情况，包括废水处理、废气排放、噪音控制等。

事故记录与处理：评估油库事故发生后的记录、报告和处理情况，包括事故调查报告、责任追究等。

安全文化建设：评估油库员工的安全意识、安全行为规范以及企业安全文化建设成果，包括安全教育、奖惩制度等。

这些评价标准和指标可以用于对油库安全管理工作进行定性和定量评估，以确保油库的安全运营和社会责任。评估结果将有助于改进安全管理制度、强化安全措施，并提高油库的安全水平。

二、社会评价的方法和工具

油库安全管理的社会评价是对油库安全管理工作的综合评估，以了解其在社会层面上的效果和影响。以下是一些常用的方法和工具。

问卷调查：可以设计一份专门的问卷，向社会各界人士、相关部门、员工和用户等收集意见和建议。该问卷应涵盖油库的安全管理制度、设备设施、应急处理能力、环境保护措施等方面，并提供评分或填写文字评述。

现场检查：由专业人员进行油库的实地考察和检查，了解其设施设备、操作流程、安全标识、消防通道等情况，以及是否符合相关法规和标准要求。

安全事故数据分析：通过整理和分析油库的安全事故数据，包括事故数量、原因、损失等情况，评估油库的安全风险程度和事故处理能力。

专家评审：邀请相关领域的专家组成评审团队，对油库的安全管理进行专业评审。专家可以从技术、管理、经济等多个角度对油库的安全管理进行评价，并提出改进建议。

社会舆情监测：通过监测社会媒体、新闻报道和网上评论等途径，了解公众对油库安全管理的关注度和评价。这可以通过社交媒体分析工具、网络爬虫等技术手段进行。

定期审核和复查：设立一个定期的安全管理评估机制，按照一定的周期对油库的安全管理进行审核和复查，以确保其持续改进和符合要求。

以上是常用的油库安全管理社会评价的方法和工具。通过综合运用这些方法和工具，可以全面了解油库安全管理的现状和问题，并采取相应的措施来加强安全管理。

三、油库安全管理的认证体系

ISO 45001 职业健康与安全管理体系认证：ISO 45001 是国际标准化组织制定的用于评估和认证企业职业健康与安全体系的国际标准，适用于各种类型和规模的组织。通过该认证，油库可以证明其已建立并有效实施了一套完善的职业健康与安全管理体系。

ISO 14001 环境管理体系认证：ISO 14001 是关于环境管理系统的国际标准，旨在帮助组织识别和管理对环境的影响，并采取相应的措施进行改进。油库可以通过获得 ISO 14001 认证，证明其在管理和控制环境污染、资源利用等方面具有高水平的能力。

OHSAS 18001 职业健康与安全管理体系认证：OHSAS 18001 是一种职业健康与安全管理体系认证标准，适用于各种规模和类型的组织。它要求油库建立并持续改进职业健康与安全管理体系，确保工作场所的安全和员工的健康。

此外，还有许多国家和地区针对油库安全制定的特定标准和认证体系，例如美国 API（美国石油学会）的 API 653 储罐检验、修复和重建的认证，或者欧洲 EN 13616 储罐施工和材料验证的认证等。

值得注意的是，油库安全管理的认证体系可能因地区和国家的不同而有所差异。具体的认证要求应根据当地的法规和相关标准来确定。

四、油库安全管理的认证案例分析

案例名称：ABC 石油公司油库安全管理认证

背景：

ABC 石油公司是一家国内规模较大的石油储存和配送企业，拥有多个油库分布在不同地区。为了提高油库的安全性和可信度，确保员工和环境的安全，公司决定进行油库安全管理的认证。

认证标准和体系：

ISO 45001 职业健康与安全管理体系认证

ISO 14001 环境管理体系认证

OHSAS 18001 职业健康与安全管理体系认证

实施过程：

油库安全管理团队组建：ABC石油公司成立了专门的油库安全管理团队，负责制定和实施油库安全管理计划，并监督整个认证过程。

评估现状和制定改进计划：团队对现有油库的职业健康与安全管理和环境管理情况进行全面评估，确定存在的风险和问题，并制定改进计划。

系统文件编制：根据ISO 45001、ISO 14001和OHSAS 18001的要求，团队编制了相关的油库安全管理制度文件，包括职业健康与安全政策、环境管理计划和操作规程等。

培训和意识提高：公司对油库员工进行了相关的职业健康与安全培训，提高他们的意识和技能，使其能够按照要求执行工作，并参与油库安全管理体系的实施。

内部审核：公司组织内部审核团队对油库安全管理体系进行审核，评估其有效性和符合性，并汇报给高层管理层。

第三方认证审核：选择经过认可的第三方机构对油库的安全管理体系进行认证审核。审核团队将核查文件记录、现场实践和员工采取的措施，确保其符合相关认证标准。

改进措施落实：根据第三方审核结果，团队跟踪并改善发现的问题和不足之处，确保油库安全管理体系持续改进。

认证结果：

ABC石油公司油库通过了ISO 45001职业健康与安全管理体系认证、ISO 14001环境管理体系认证和OHSAS 18001职业健康与安全管理体系认证。这表明，油库的安全管理体系符合国际标准要求，并且达到了高水平的职业健康与安全和环境管理标准。这将提升公司的信誉度，增加业务合作伙伴和客户对其油库安全性的信任，为可持续发展奠定基础。

第十四章 油库安全管理的经济效益

第一节 油库安全管理的经济意义

一、油库安全管理对经济的重要性

油库安全管理对经济的重要性体现在以下几个方面。

（1）维护油品供应稳定：油库是石油产品的储存和转运站点，对国民经济的正常运转和发展起着重要作用。油库安全管理能够有效地管理和控制石油产品的储存和运输过程，确保油品供应的稳定性，避免因事故或其他不可预见的情况导致石油产品的短缺或中断供应，保障能源的正常消费和生产需求。

（2）防范事故风险，减少经济损失：油库是存储大量易燃、易爆的石油产品的地方，一旦发生事故，可能造成严重的人员伤亡和财产损失。油库安全管理的目标之一就是降低事故发生的概率，并能及时应对和控制事故，减少事故带来的经济损失。避免事故发生不仅可以减少人员伤亡和财产损失，还能避免对经济活动的干扰和恢复成本。

（3）提升油品质量和服务品质：油库安全管理包括对储存和运输过程的管理，能够有效地控制油品质量，避免油品受到污染、质量下降。同时，安全管理也能加强对油品的质量监管和调控，保障用户的用油安全和权益。提供高质量的油品和服务，可以满足用户需求，提高用户体验，从而推动经济增长和提高用能效率。

总之，油库安全管理对经济具有重要意义，能够维护油品供应稳定，减少事故风险带来的经济损失，并提升油品质量和服务品质。

二、油库安全管理对企业的经济影响

油库安全管理对企业的经济影响主要体现在以下几个方面。

（1）降低事故风险和损失：油库是企业存储和运输石油产品的重要场所，一旦发生事故，可能造成严重的人员伤亡和财产损失。油库安全管理能够有效地识别和控制潜在的安全风险，采取相应的措施进行事故预防和控制，降低事故发生的概率，减少事故带来的经济损失。

（2）保护企业声誉和品牌价值：油库安全管理能够提高企业对安全的重视程度，树立企业安全文化和形象，减少不安全因素对企业声誉和品牌的负面影响。通过有效的安全管理，企业可以充分展示对员工和用户安全的关注，增加企业的信任度，进而提升品牌价值和市场竞争力。

（3）提高效率和降低成本：良好的油库安全管理能够优化储存和运输过程，提高工作效率，减少资源浪费和不必要的成本支出。通过采取合理的管理措施和技术手段，如自动化管理系统、监测设备等，可以实现油库作业效率的提升，减少操作错误和能源损耗，从而降低运营成本，提高企业盈利能力。

（4）符合法律法规和监管要求：油库安全管理要求企业遵守相关的法律法规和监管要求，配备符合标准的设备和技术，进行必要的安全检查和维护。遵守法律法规可以避免罚款和处罚，保护企业合法权益，提高运营的合规性和可持续性。

总之，油库安全管理对企业具有重要的经济影响，能够降低事故风险和损失，保护企业声誉和品牌价值，提高效率和降低成本，同时符合法律法规和监管要求，促进企业的可持续发展。

三、油库安全管理对社会经济的贡献

油库安全管理对社会经济的贡献主要体现在以下几个方面。

（1）保障公众安全：油库储存和运输的石油产品具有潜在的安全风险，一旦发生事故可能对周边居民和环境造成严重影响。通过有效的油库安全管理，可以降低事故发生的概率，保障公众的生命安全和财产安全，维护社会的稳定和安宁。

（2）促进就业和经济发展：油库安全管理需要专业的管理和技术人员，为就业市场提供了更多的就业机会。此外，合格的油库安全管理有助于提高企业的生产效率和运输效率，减少事故和停产带来的经济损失，促进企业的发展和社会经济的繁荣。

（3）促进能源供应稳定：石油是重要的能源资源，而油库是储存和分发石油的重要环节。通过严格的油库安全管理，可以确保石油产品的安全储存和运输，保证能源供应的稳定性。稳定的能源供应不仅有利于工业生产和居民生活，还促进了国家和地区经济的发展。

（4）降低环境风险：油库安全管理能够有效预防和控制环境污染风险，降低对土壤、水体和空气的污染程度。通过采用安全的储存和运输技术，定期进行环境监测和管理，减少泄漏和溢出的可能性，保护环境资源和生态系统的健康。

总之，油库安全管理对于社会经济具有重要的贡献，可以保障公众安全，促进就业和经济发展，稳定能源供应，降低环境风险等。通过有效管理油库安全，可以实现安全可持续的石油储存和运输，促进可持续发展的社会经济。

第二节 油库安全管理的经济效益评价

一、经济效益评价的指标

油库经济效益评价的指标可以根据具体情况而有所不同，下面列举一些常见的指标供参考。

（1）储存成本：评估储存原油或石油产品所需的成本，包括仓储设备和设施、人员工资、能源消耗等。

（2）运营成本：评估油库的日常运营成本，包括人员费用、维护费用、保险费用等。

（3）利润/净利润：评估油库的盈利能力和经济效果，包括销售利润和其他收入。

（4）吞吐量：评估油库的存储和转运能力，反映油库的资源利用效率。

（5）功率利用率：评估油库设备的利用效率，包括储罐、管道、泵等设备的利用率。

（6）安全指标：评估油库的安全性和可靠性，包括事故频率、事故损失等指标。

（7）环境影响：评估油库对环境的影响程度和环境保护措施的执行情况。

（8）市场份额：评估油库在市场中所占的份额，反映油库的竞争力和市场地位。

（9）社会效益：评估油库对当地经济发展、就业机会、税收贡献等方面的影响。

以上指标可以根据具体情况进行权衡和综合评估，以判断油库的经济效益和绩效，并为决策者提供参考依据。需要注意的是，在油库经济效益评价中，还应考虑与行业相关的规范、法规和政策等因素的影响。

二、经济效益评价的方法和工具

油库经济效益评价的方法和工具可以根据具体情况而有所不同，下面列举一些常见的方法和工具供参考。

（1）成本效益分析：通过比较油库建设、运营和维护的成本以及相关收入来评估经济效益。可以使用成本效益分析表、财务报表等工具进行分析。

（2）投资回收期分析：评估投资在油库上的回收期，即从投资开始到回收全部投资所需的时间。可以使用投资回收期计算公式来进行分析。

（3）净现值分析：通过将油库的现金流入和流出进行折现，计算得出投资的净现值，用以评估投资的经济效果。可以使用净现值计算公式和财务电子表格等工具进行分析。

（4）决策树分析：通过绘制决策树，分析不同决策选项对油库经济效益的影响，帮助决策者做出有针对性的决策。

（5）敏感性分析：通过对关键变量进行敏感性测试，评估这些变量对油库经济效益的影响程度，帮助决策者了解风险和不确定性对经济效益的影响。

（6）市场调研和需求分析：通过对市场及需求的调研和分析，评估油库在目标市场的潜在收入和市场份额，为经济效益评价提供市场依据。

（7）环境影响评价：考虑油库对环境的影响，进行环境影响评价，评估油库经济效益与环境可持续性之间的关系。

需要根据具体情况选择合适的方法和工具，综合运用多种评价方法和工具进行油库经济效益评价，以得出更全面和准确的评价结论。同时，也需考虑相关的规范、法规和政策等因素在评价中的影响。

三、油库安全管理的经济效益评估案例分析

以下是一个油库安全管理的经济效益评估案例分析。

背景信息：

某石油公司拥有一座大型油库，用于储存和分发燃油产品。由于油库涉及大量的危险品储存和处理，安全管理一直是该公司的重中之重。为了评估油库安全管理的经济效益，该公司进行了一次评估案例分析。

步骤：

（1）数据收集：收集与油库安全管理相关的数据，包括安全投入的成本（如培训、检查、防火设备的购置和维护）、安全事件发生的频率和损失的情况等。此外，还需要了解公司的保险费用和安全等级等信息。

（2）经济效益评估：根据数据进行经济效益评估。首先，计算油库安全投入的总成本，包括人员培训费用、设备购买和维护费用等。然后，计算油库安全事件的平均损失，包括人员伤亡、环境破坏、财产损失等。将安全投入的总成本减去安全事件的平均损失，即可得到安全管理的经济效益。

（3）比较分析：将安全管理的经济效益与安全投入的成本进行比较，以评估是否存在经济收益。如果经济效益为正（安全管理的经济效益大于安全投入的成本），则说明油库安全管理是经济上可行的；反之，则需要进一步采取措施改进安全管理或者再评估经济效益。

（4）风险评估：在经济效益评估的基础上，还需要考虑风险评估。通过评估潜在的安全事件发生概率和损失的可能性，综合考虑安全管理对公司的风险

减少作用。如，如果安全管理能够显著减少严重事故的风险，可能导致损失减少、保险费用下降和声誉提升等经济效益。

（5）结果分析：根据评估结果和风险评估，得出有关油库安全管理的经济效益评估结论，并提出必要的改进建议。

需要注意的是，油库安全管理的经济效益评估需要考虑多方面因素，包括人员安全、环境安全、财产安全等，并且需要根据具体情况和数据进行定量分析和综合评估，才能得出准确和可靠的评估结果。

第三节 油库安全管理的成本与效益分析

一、成本分析的内容和方法

油库安全管理成本分析是评估和量化油库安全管理措施实施所需的费用和资源投入的过程。它有助于企业了解安全管理措施的成本，并在预算规划、资源优化和决策制定中提供参考。

以下是油库安全管理成本分析的一些内容和方法。

人力资源成本：包括油库安全人员的薪资、培训费用、福利以及其他与安全人员相关的人力资源费用。

设备和工具成本：包括购买、安装和维护各种安全设备和工具的费用，例如监控系统、报警器、消防设备等。

安全材料和消耗品成本：包括购买和使用各种安全标识、标志、安全固定物、清洁剂、个人防护装备等所需的费用。

外部服务成本：包括聘请第三方机构进行安全审核、认证和培训的费用，以及外包安全管理的成本。

内部培训和意识提高成本：包括为员工提供的安全培训、教育和计划的费用，以提高他们的安全意识和技能。

维护和改进成本：包括定期维护、检修安全设备和工具、进行安全演习、实施改进措施等的费用。

风险管理成本：包括开展风险评估和分析、制定应急预案、购买保险等的费用。

成本效益分析：根据油库的特定情况，进行成本效益分析，衡量安全管理措施对企业的回报和效益，例如减少事故损失、提高生产效率、改善声誉等。

在进行油库安全管理成本分析时，可以采用以下方法。

费用分类与记录：对安全管理相关的各项费用进行分类和详细记录，包括人力资源、设备和工具、材料消耗、服务费用等。

数据收集与比较：收集油库历史数据和相关的资料，比较不同时间段和地点的安全管理成本，寻找成本差异和趋势。

直接和间接成本估算：将成本分为直接成本（容易直接归因于安全管理活动的费用）和间接成本（不太容易直接归因于安全管理活动的费用），进行估算和核算。

成本效益分析：评估安全管理措施的成本与效益，分析投资回报率、风险降低程度等指标，确定是否值得进行安全管理措施的投入。

持续改进：定期审查和评估油库安全管理成本，寻找节约成本的途径和机会，以提高成本效益和资源利用效率。

通过对油库安全管理成本的详细分析，企业可以更好地了解安全管理活动所需的投入和经济效益，优化预算规划，合理配置资源，并做出科学决策以保障油库的安全运营。

二、效益分析的内容和方法

油库安全管理效益分析是评估和量化油库安全管理措施所带来的收益和影响的过程。它有助于企业了解安全管理措施对业务运营、人员安全、环境保护等方面的积极影响，并为决策制定提供依据。

以下是油库安全管理效益分析的一些内容和方法。

事故损失减少：通过实施安全管理措施，可以减少事故的发生概率和严重性，从而降低事故损失。这包括避免财产损失、设备破坏、产品泄漏、环境污染等，以及减少停工时间和维修成本等。

人员安全改善：通过安全培训、意识提高和合规要求的执行，可以降低员工和操作人员的意外伤害风险，提高工作场所的安全性和员工福祉。

环境影响减少：有效的油库安全管理可减少环境影响，包括防止油品泄漏、土壤和地下水污染，维护环境生态平衡，符合环境法规要求。

声誉和可信度提高：油库安全管理成果的认证和宣传可以提高企业的声誉和可信度，增加业务合作伙伴和客户的信任，从而带来更多的商业机会和市场竞争优势。

法律合规与风险降低：通过安全管理措施的实施，油库能够遵守相关的法律法规、行业标准和规范，降低违规罚款和诉讼风险。

在进行油库安全管理效益分析时，可以采用以下方法。

成本效益分析：综合考虑安全管理措施投入的成本和上述效益，评估其经济回报率、投资回收期等指标。比较安全管理措施的成本与相应效益之间的平衡。

风险评估：评估潜在事故和事件的发生概率和影响程度，以及安全管理措施对降低这些风险的作用。基于风险评估结果，评估安全管理措施对风险降低的贡献。

数据分析：收集和分析油库历史数据和相关指标，比较实施安全管理措施前后的数据变化，如事故发生率、员工伤亡率、环境指标等，以量化效益。

参考案例和研究：参考其他油库或行业的成功案例和研究，了解类似场景下安全管理措施带来的效益，并将其应用到具体油库的分析中。

长期评估和持续改进：定期进行效益评估，跟踪安全管理措施的实际效果，并根据评估结果对措施进行调整和改进。

通过油库安全管理效益分析，企业可以更好地认识安全管理措施的价值和回报，为决策制定提供依据，优化资源配置，推动持续改进，并为企业的可持续发展和利益最大化做出贡献。

三、油库安全管理的成本与效益分析案例分析

案例：某石油公司的油库安全管理成本与效益分析

成本分析：

人力资源成本：包括安全主管、安全员工的薪资和培训费用，以及相关的福利开支。假设年度总成本为100万元。

设备和工具成本：包括监控系统、报警器、消防设备等的购置和维护费用。假设年度总成本为50万元。

安全材料和消耗品成本：包括安全标识、安全固定物、个人防护装备等的采购费用。假设年度总成本为20万元。

外部服务成本：包括第三方机构进行安全审核和培训的费用，以及部分外包安全管理的成本。假设年度总成本为30万元。

内部培训和意识提高成本：包括为员工提供的安全培训和教育的费用。假设年度总成本为10万元。

维护和改进成本：包括定期维护、检修设备以及实施改进措施的费用。假设年度总成本为40万元。

风险管理成本：包括开展风险评估、制定应急预案和购买保险等的费用。假设年度总成本为10万元。

总成本为100万元+50万元+20万元+30万元+10万元+40万元+10万元=260万元。

效益分析：

事故损失减少：通过安全管理措施，减少了油库事故的发生概率和严重性。根据历史数据，事故损失减少了50万元。

人员安全改善：通过安全培训和意识提高，员工的意外伤害风险降低，减少了医疗费用和赔偿费用。估计每年节省了20万元。

环境影响减少：有效的安全管理减少了油品泄漏和环境污染的发生，降低了环境修复费用和罚款金额。估计每年节省了15万元。

声誉和可信度提高：安全管理认证和宣传提高了企业的声誉和客户信任度，增加了商业机会。估计每年带来了10万元的收益。

总效益为50万元+20万元+15万元+10万元=95万元。

成本效益分析：根据上述数据，油库安全管理的总成本为260万元，总效益为 95 万元，因此净效益为 95 万元 - 260 万元 = - 165 万元。这意味着在当前情况下，油库安全管理措施的总成本超过了其带来的总效益。

在这种情况下，公司可以进一步分析其中的成本项和效益项以确定哪些方面可以进行调整和改进，以提高效益并实现成本与效益的平衡。例如，通过优化人力资源配置、改善培训计划和提升安全设备的性价比等方式，寻找成本节约和效益增加的机会。

第四节 油库安全管理的投入与回报考量

一、投入与回报理论及其应用

油库安全管理投入与回报理论是指通过投入一定的资源和成本来实施安全管理措施，以期望获得相应的回报和效益。这一理论应用于评估和决策油库安全管理措施的有效性和经济性。

在应用油库安全管理投入与回报理论时，可以考虑以下几个方面。

投入因素：

人力资源：包括安全主管、安全员工的薪资、培训费用和福利等。

设备和工具：包括监控系统、报警器、消防设备等的购置、维护和更新费用。

安全材料和消耗品：包括安全标识、安全固定物、个人防护装备等的采购费用。

外部服务：包括第三方机构进行安全审核、培训、咨询和外包安全管理的费用。

内部培训和意识提高：包括为员工提供的安全培训和教育的费用。

维护和改进：包括定期维护、检修设备以及实施改进措施的费用。

风险管理：包括开展风险评估、制定应急预案和购买保险等的费用。

回报因素：

事故损失减少：通过实施安全管理措施，可以减少事故的发生概率和严重性，从而降低事故损失。

人员安全改善：提高员工的意识和技能，降低伤害风险，增加员工安全感和生产效率。

环境影响减少：减少油品泄漏、污染物排放等对环境的负面影响，维护环境生态平衡。

声誉和可信度提高：提升企业形象和声誉，增加合作伙伴和客户的信任，带来更多商业机会。

法律合规与风险降低：遵守相关法规和标准，降低违规罚款和诉讼风险。

在应用投入与回报理论时，可以进行如下步骤。

确定投入项和回报项：列出所有涉及的投入项和可能产生的回报项。

量化投入和回报：将每个项目的投入和回报进行具体的量化，例如货币单位或百分比。

计算成本与效益：将投入项的成本总和与回报项的收益总和进行对比，计算净效益（收益减去成本）。

分析可能的风险和不确定性：考虑可能的风险和不确定因素，如投入成本增加、回报减少或延迟等情况。

评估可行性和经济性：根据净效益、风险分析和不确定性，评估油库安全管理措施的可行性和经济性。

基于评估结果进行决策：根据评估结果，制定相应的决策和优化措施，以平衡投入与回报，并实施安全管理措施。

通过应用油库安全管理投入与回报理论，能够帮助油库管理者更好地理解和评估投入与回报之间的关系，优化资源配置，确保安全管理措施的有效性和经济性。同时，也可以帮助企业决策者权衡投入成本和预期回报，从而做出更明智的决策，提升油库安全管理水平，减少事故风险，保障员工安全和企业的可持续发展。

二、油库安全管理的投入与回报考量方法

在考虑油库安全管理的投入与回报时，可以采用以下方法进行评估和决策。

成本效益分析：对各项投入成本与预期回报进行具体量化，并比较其差异。

这可以帮助确定是否值得进行安全管理投入，并选择最具经济性和有效性的措施。

风险评估：通过评估潜在的事故风险和损失，并与投入成本进行对比，来判断投入安全管理的合理性。考虑可能发生的事故类型、概率和影响，以及安全管理措施减少风险的效果。

经验借鉴：参考行业内其他油库或类似企业的实践，了解他们在安全管理方面的投入和回报情况，以作为参考和比较。这可以提供有关成本水平、效益水平和最佳实践的信息，有助于制定决策。

回报多样性评估：不仅仅考虑财务回报，还要综合考虑其他方面的回报，如员工安全改善、声誉和品牌形象提升、环境保护效益等。将这些因素纳入评估框架中，从多个角度评估投入的回报情况。

长期效益考虑：安全管理投入可能会在短期内增加成本，但长期来看可以降低事故风险和损失，带来更为可观的回报。因此，在考虑投入与回报时，要综合考虑长期效益，并权衡其对企业可持续发展的影响。

不确定性分析：考虑到不确定的因素，如市场变化、技术进步、法规变动等，进行灵活性分析。通过制定备选方案和应对策略，以应对不确定性的影响，降低投资风险。

持续改进和监测：进行定期的投入与回报评估，随着时间的推移进行监测和比较。根据实际结果，进行必要的调整和改进，以确保投入与回报之间的平衡和优化。

通过这些方法，油库管理者能够更全面地评估和决策油库安全管理的投入与回报，提供依据并最大化投资的效益。

参考文献

[1]黄龙.新形势下提升成品油库安全管理的对策[J].化工管理,2023(9):91-93.

[2]贾卓.A 企业成品油油库安全管理问题及对策研究[D].太原：山西大学,2022.

[3]姚小伟.风险理念的油库安全管理分析[J].中国石油和化工标准与质量,2022,42(18):82-84.

[4]杨晨.油库安全管理模式创新研究[J].化工管理,2021(33):132-133.

[5]郭云杰.油库安全管理常见问题及其改进措施探讨[J].清洗世界,2021,37(8):139-140.

[6]王天高.机场油库安全管理、研究[J].化工设计通讯,2021,47(8):20-21.

[7]岳新江.基于风险理念的油库安全管理分析[J].当代化工研究,2021(13):15-16.

[8]楚卫军,王健,刘梁华,等.关于加强油库安全管理的思考[J].中国储运,2021(5):215-216.

[9]廖苍松.浅谈油库安全管理现状及提升性措施[J].中国石油和化工标准与质量,2020,40(10):94-95.

[10]陈欢.浅谈 HSE 体系在油库安全管理中的应用[J].信息系统工程,2019,(12):67-68.

[11]徐策.基于风险理念的油库安全管理[J].中国石油和化工标准与质量,2019,39(19):112-113.

[12]王兴东.关于油库安全管理中的常见问题与对策研究[J].中国石油和化工标准与质量,2019,39(12):70-71.

[13]徐凤阁.油库安全管理中现代安防技术的应用[J].石化技术,2019,26(4):179.

[14]张克亮,文胜,刘琼,等.基于物联网的油库安全管理信息系统研究[J].中国石油和化工标准与质量,2019,39(3):93-94.

[15]樊玉良.现代安防技术在油库安全管理中的应用[J].化工管理,2018(30):60.

[16]董志宏.油库安全管理中的常见问题与对策[J].石化技术,2018,25(9):243.

[17]胡录成.油库安全管理模式的创新路径探索[J].化工设计通讯,2018,44(8):154.